InDesign CC

排版设计

全攻略

视频教学版

王岩 等编著

机械工业出版社

China Machine Press

图书在版编目（CIP）数据

InDesign CC排版设计全攻略：视频教学版/王岩等编著. —北京：机械工业出版社，2019.8
（2022.3重印）

ISBN 978-7-111-63239-9

Ⅰ. ①I… Ⅱ. ①王… Ⅲ. ①电子排版－应用软件 Ⅳ. ①TS803.23

中国版本图书馆CIP数据核字（2019）第145874号

InDesign是一款主流的专业排版设计软件，被广泛应用于书刊、媒体、平面设计、印刷出版和数字媒体等领域。

本书图文并茂地讲解中文版InDesign CC 2018的各项功能、应用技巧和设计手段。为了达到学以致用的目的，全书以丰富示例详解软件的各项实用功能和重点参数，并穿插介绍大量的工作流程以及书刊、画册的编排经验和设计方法。另外，本书还提供了几个具有挑战性的综合案例，让你跟随书中的设计思路一步步地实现项目要求的效果。

本书提供了丰富的设计案例和供下载的教学视频，特别适合InDesign新手阅读。对具有一定使用经验的用户，其中的案例也有很好的参考价值。本书还可作为职业学校、培训机构的教学用书。

InDesign CC排版设计全攻略

出版发行：机械工业出版社（北京市西城区百万庄大街22号　邮政编码：100037）

责任编辑：夏非彼　迟振春　　　　　　　　　　责任校对：闫秀华

印　　刷：北京宝隆世纪印刷有限公司　　　　　版　　次：2022年3月第1版第3次印刷

开　　本：188mm×260mm　1/16　　　　　　　印　　张：15.25

书　　号：ISBN 978-7-111-63239-9　　　　　　定　　价：69.00元

凡购本书，如有缺页、倒页、脱页，由本社发行部调换

客服热线：（010）88379426　88361066　　　　投稿热线：（010）88379604

购书热线：（010）68326294　　　　　　　　　　读者信箱：hzjsj@hzbook.com

前 言

编者 | 王 岩

对于很多初学者来说，最急需的是掌握一项应用技能，而不是学会一款软件的操作。假设你已经掌握了InDesign的所有功能，现在有一项设计任务摆在面前，知道如何确定开本、怎么构图配色、如何处理图像素材才能满足印刷需求吗？你知道制作宣传画册的流程、图书编排的要求和杂志设计的注意事项吗？为了达到软件学习和实际应用相结合的目的，本书在讲解软件各项功能应用和重点参数的同时，穿插介绍了大量的工作流程以及书刊、画册的编排经验和设计方法。另外，本书还准备了几个具有挑战性的综合案例，如果你能跟随书中的设计思路一步步地全部制作出来，相信你胜任一般的编排设计工作应该不成问题。

本书共分9章，第1章介绍版式设计的常用术语、InDesign CC的工作界面和软件的基本操作。第2~6章讲解InDesign CC的各项功能，包括图形绘制、图像处理、文字编排、样式设置、表格制作、打印输出和书籍设计。第7~9章选取折页传单、宣传画册和期刊杂志3个具有代表性的综合案例，通过完整案例的详细解析，帮助读者巩固学到的知识，并且积累实际的工作经验，真正达到学以致用的目的。

附赠素材使用说明

本书附赠所有上机练习和综合案例的完成文档、设计素材及视频教学，附赠素材的下载可以登录机械工业出版社华章公司的网站（www.hzbook.com）下载，搜索到本书，然后在页面上的"资料下载"模块下载即可。

若下载有问题，请发送电子邮件到booksaga@126.com，邮件主题为"InDesign CC排版设计全攻略"。

为了保证文档的正确显示，请在打开案例文档前安装【字体】文件夹中的字体，第一次打开案例文档时，在弹出的对话框中点击【更新链接】按钮。

本书由王岩主编，同时参与编写的还有宁芳、杨丽英、赵秀静、孙丽萍、康殿勇、袁翠玲、程建设、马春旸、任良等。在创作过程中，由于时间仓促，错误之处在所难免，敬请广大读者批评指正。

编　者

2019年5月

目　录

03
[第 3 章]

文本与段落编排

04
[第 4 章]

创建表格和样式

05
[第 5 章]

编排长文档

06
[第 6 章]

打印输出文档

07
[第 7 章]

折页传单设计案例

08
[第 8 章]

宣传画册设计案例

[第 9 章]

期刊杂志设计案例

InDesign CC
排版设计全攻略（视频教学版）

第 1 章
InDesign CC基础入门

在本章中，
我们的目的是希望你对版式设计和
InDesign CC有一个总体上的认识，
让我们先了解一些版式设计中的常用术语，
然后熟悉InDesign CC的工作界面和相关操作，
掌握这些内容可以为后面的学习打好基础。

1.1　InDesign概述

InDesign是著名的软件生产商Adobe公司开发的一款排版设计软件，它不但可以设计编排画册、杂志、书籍等印刷品，还可以制作电子书和交互式PDF文档。InDesign的最新版本是InDesign CC 2018，其中的CC是Creative Cloud（创意云）的缩写。作为InDesign CS的继任者，InDesign CC最大的改变是用户不必再购买安装包，而是通过Adobe Creative Cloud获取版本更新和在线助手等云端服务，如图1-1所示。

图1-1

1.1.1　为什么用InDesign排版

既然Word也能排版，为什么一定要用InDesign呢？确实，有经验的排版人员可以直接用Word编排图书，但是排版只是版式设计的环节之一，遇到封面设计、彩色印刷、页数很多或者要求较高的书稿时，就会遇到很多难以解决的问题。无论在专业功能，还是在编排效率方面，Word都无法与专业排版软件相比。如果您想从事版面设计方面的工作，掌握一款主流排版设计软件应该是必备的技能。

与同类软件相比，出道较晚的InDesign一方面修正了QuarkXPress和PageMaker的诸多不足，另一方面又融合了Photoshop等图像处理软件的优点，为用户提供了更加完善和灵活的版式设计功能，目前已经成为行业软件中的主流。InDesign的另一个优点是上手简单，作为Adobe软件家族中的一员，InDesign与Photoshop、Illustrator、Acrobat之间不但拥有更好的兼容性，在界面和操作方式方面也基本相同。对于会使用Photoshop的用户来说，学习InDesign是一件比较容易的事情。

1.1.2　版式设计中的常用术语

版式设计中有很多专业术语，不清楚这些术语的含义或者是产生了理解上的偏差，就会对后面的学习产生影响。因此，我们有必要先了解这部分的内容。

❑ 开本

　　开本用来表示印刷品的幅面大小。一张按照国家标准分切好的平板纸被称为全开纸，把全开纸裁切成面积相等的若干小张，称之为多少开数；将裁切好的纸张装订成册，则称为多少开本。比如我们常说的16开，就是把一张全开纸裁切为16张纸，如图1-2所示。

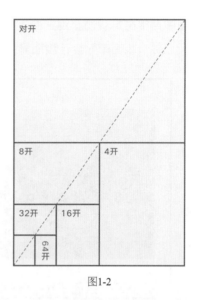

图1-2

提 示

国内外的纸张幅面标准不同，虽然它们都被分切成同一开数，但是幅面的规格大小却不一样。国际标准的纸张被称为大度纸，幅面为889×1194毫米，净尺寸为860×1160毫米。国内标准的纸张被称为正度纸，幅面为787×1092毫米，净尺寸为760×1060毫米。

❑ 版面

　　版面是指印刷品每一页的整面，包括周空、版心和版口。周空是版面周围的白边，版面上方的白边叫作天头，下方的白边叫作地脚，装订线一侧的白边叫作订口，外侧的白边叫作翻口，如图1-3所示。

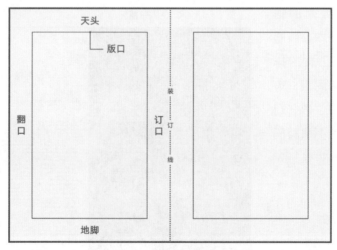

图1-3

　　版面去除周空后，剩下用来容纳图文的部分就是版心，版心所占版面的比例叫作版面率。版面率直接影响版面美观、阅读方便和纸张的合理利用。一般来说，版面率越高，视觉张力越大；减小版面率则会让版面显得典雅宁静，如图1-4所示。

高版面率　　　　　　　　　　　　　低版面率

图1-4

版口是版心四周的边沿。版心第一行字的字身上线为上版口，最后一行字的字身下线为下版口，版心最左第一个字的字身左线为前版口，最后一个字的字身右线为后版口。

❑ 版式

版式也就是版面的格式，包括版面的开本、版心和周空的尺寸；正文的排式、字体、字号和间距；表格与图片的大小和位置；目录、标题、注释、页眉页码和版面装饰等项的排法，如图1-5所示。

图1-5

❏ 版式设计

版式设计是指将图片、文字、图形、留白等视觉元素，在版面上进行有机地排列组合，最大限度地发挥表现力，以达到引起注意和传达信息的目的，如图1-6所示。作为平面设计的一个分支，书刊杂志、广告招贴、网页等领域都会用到版面设计。

图1-6

1.2　熟悉工作界面

学习软件都是从熟悉界面入手。这里要建议读者的是，初学软件时没有必要在界面和基础操作方面花费过多的时间。正所谓熟能生巧，随着学习的不断深入和练习量的增加，我们会自然而然熟悉并掌握它们。特别是在制作实例的过程中，因为可以直观地看到每个工具的操作结果，以及参数调整后的效果变化，学习效果要比背书好得多。在初学阶段，我们只要大致了解InDesign CC主要构件的功能与位置，书中提到使用某个工具或面板时能够找到即可。

1.2.1　认识开始工作区

启动InDesign CC后，首先进入到的界面叫作开始工作区，在这里可以新建、查找和打开文档。如果您想切换到InDesign CC的工作界面，可以单击右上角的工作区切换器，在弹出的菜单中选择【基本功能】，如图1-7所示。

资源窗口

资源窗口以缩略图的形式显示最近打开过的文档，单击资源窗口左上方的▤按钮，可以将缩略图切换为列表。资源窗口中的文档数量过多时，利用资源窗口右上方的排序选项和搜索栏可以快速查找需要的文档。

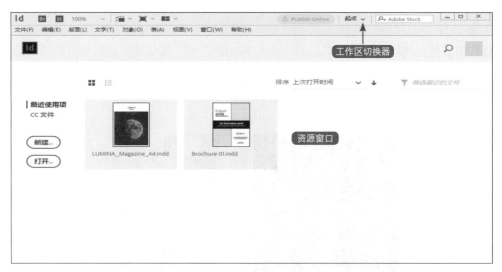

图1-7

> **提 示**
>
> 要想清空资源窗口中的缩略图，只能恢复InDesign CC的初始设置。恢复初始设置的方法是按住Ctrl + Shift + Alt组合键单击Windows开始菜单中的Abode InDesign CC图标，然后在弹出的对话框中单击【是】按钮。

❑ **新建**

单击打开【新建文档】对话框，通过该对话框中可以创建一个空白文档，空白文档创建完成后就会进入InDesign CC的工作界面。

❑ **打开**

从电脑中查找并打开一个保存过的文档。

1.2.2 工作界面的构成

InDesign CC的工作界面由标题栏、菜单栏、工具面板、控制面板、面板组、状态栏和文档窗口组成，如图1-8所示。

❑ **标题栏**

标题栏位于工作界面的最上方，桌面分辨率高于1280×720时，标题栏会合并到菜单栏的右侧。利用标题栏中的控件可以控制文档的显示方式、联机发布文档、切换工作区以及在Abode商店中搜索资源，如图1-9所示。

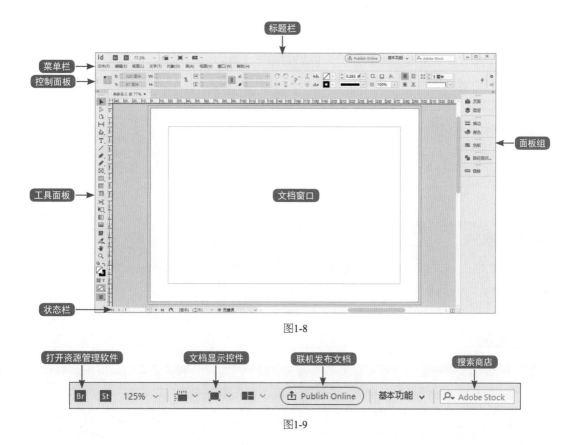

图1-8

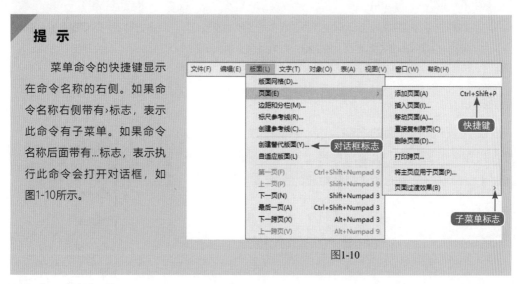

图1-9

□ 菜单栏

菜单栏位于标题栏的下方，和其他软件一样，InDesign CC中的大部分功能都可以通过菜单栏中的命令实现。

提 示

菜单命令的快捷键显示在命令名称的右侧。如果命令名称右侧带有›标志，表示此命令有子菜单。如果命令名称后面带有...标志，表示执行此命令会打开对话框，如图1-10所示。

图1-10

❑ 工具面板

工具面板位于工作界面的左侧，里面提供了常用工具的
快捷按钮。部分快捷按钮的右下角带有 ◢ 标志，这表示该工
具包含扩展工具，按住这个快捷按钮或者在快捷按钮上右击
就会展开工具组，如图1-11所示。

图1-11

技 巧

在实际工作中，我们会频繁地切换设计工具，使用快捷键切换无疑比单击快捷按钮更加有效。
将光标停留到一个快捷按钮上，稍等片刻就会显示出这个工具的名称和快捷键。

❑ 控制面板

控制面板位于菜单栏的下方。在工具面板中激活一个工具，或者在文档窗口中选取一个
对象，相关的设置参数和选项就会显示在控制面板中，如图1-12所示。

图1-12

提 示

控制面板的容量有限，因此只能提供使用频率最高的参数选项，更多的选项被隐藏在设置对话
框中。按住Alt键并单击控制面板上的图标，如果该图标包含更多的参数和选项，就会弹出对话框。

❑ 面板组

面板组位于工作界面的右侧，由一系列的控制面板叠加
组成，如图1-13所示。如果面板组上没有需要的面板，可
以通过【窗口】菜单中的命令打开对应的面板。

图1-13

❑ 状态栏

状态栏位于工作界面的底部，里面提供了切换页面的控件，同时还会显示文档的状态，如图1-14所示。

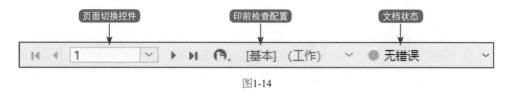

图1-14

❑ 文档窗口

文档窗口占据了工作界面的大部分区域，用于显示文档的页面效果，如图1-15所示。

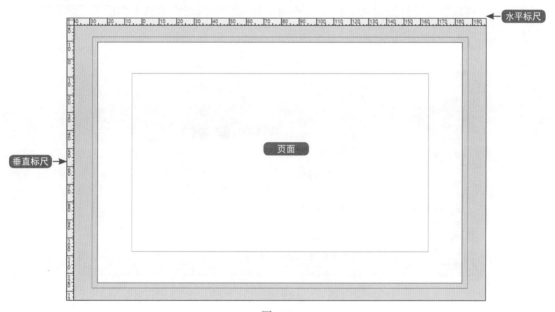

图1-15

1.2.3　自定义工作界面

InDesign CC的工作界面非常灵活，无论是颜色主题、工作区布局，还是系统配置参数，都可以根据用户的个人习惯自由设定。

❑ 修改界面首选项

执行【编辑】|【首选项】|【常规】命令，在打开的对话框中可以修改InDesign CC的系统参数。比如，一些InDesign CS的老用户不习惯开始工作区，在【常规】选项组中取消【没有打开的文档时显示起点】复选框的勾选，下次运行InDesign CC就会直接进入到工作界面，如图1-16所示。

图1-16

如果不喜欢黑色的界面，可以在【首选项】对话框的列表中单击【界面】，然后在【外观】选项组中选择其他颜色，如图1-17所示。

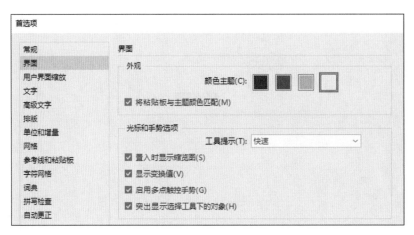

图1-17

❑ 展开和浮动面板

工具面板和面板组的顶端都有一个灰色边框条，拖动灰色边框条，整个面板就会变成浮动状态。单击灰色边条上的 ↤ 按钮能将折叠状态的面板展开，拖动面板上的 ⁞⁞⁞⁞⁞ 标志可以将单个面板切换为浮动状态，单击浮动面板上的 ✖ 按钮可以关闭该面板，如图1-18所示。

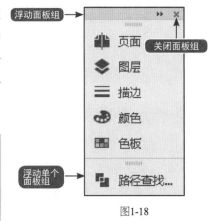

提 示

将浮动面板拖动到界面边缘，出现蓝色显示时松开鼠标，浮动面板又会切换回固定状态。

图1-18

❑ 隐藏和显示面板

大多数情况下，浮动和关闭面板的目的是为了增大文档窗口，以便更仔细地观察页面。其实我们只要按下Tab键就可以隐藏所有的面板，在这种模式下，将光标移动到工具面板和面板组原本所在的位置，隐藏的面板又会显示出来。我们还可以按Shift＋Tab组合键，仅将面板组隐藏起来。

> **提 示**
>
> 执行【窗口】｜【工作区】｜【重置"基本功能"】命令，可以将面板组恢复为默认设置。

1.3　文档基本操作

InDesign CC可以创建三种类型的文件，分别是文档、书籍和库。文档由一系列连续页面组成，一个页面就是一个版面。书籍是可以共享样式、色板、主页等项目的文档集，相当于将若干文档按照统一的标准装订到一起。所谓的库就是用来寄存素材的仓库，我们可以将页面上的图像、文字等对象作为素材保存到库中，当其他页面或文档需要使用相同的素材时，直接从库中拖拽出来即可。

1.3.1　创建新的文档

单击开始工作区中的【新建】按钮，执行【文件】菜单中的【新建】｜【文档】命令，使用快捷键Ctrl＋N都可以打开【新建文档】对话框，如图1-19所示。

图1-19

❑ 选择预设模板

创建文档的第一个步骤是设置幅面，单击对话框上方的【打印】选项卡就能看到各种印刷品的文档预设和别人设计好的模板，如图1-20所示。除了印刷品以外，在【Web】选项卡中提供了网页和电子文档的预设和模板，在【移动设备】选项卡中提供了适配手机和平板电脑的文档幅面预设和模板。

图1-20

> **提 示**
>
> 如果看不到模板文件，请运行与InDesign CC一起安装的Abode Creative Cloud程序，然后登陆Abode账号。

❑ 修改预设参数

文档预设中没有需要的幅面也没有关系，我们可以随便选取一个预设，然后在【预设详细信息】中自行设置。预设详细信息中的大多数参数选项都很容易理解，只有以下几个参数选项需要重点掌握。

勾选【对页】复选框可以创建奇偶页彼此相对的跨页，取消该复选框的勾选会让页面彼此独立，互不相连，如图1-21所示。

【起点】参数用来设置文档第一个页面的页码起始序号。如果开启了【对页】选项，并且将【起点】设置为偶数，那么文档的第一个跨页将变成双页，如图1-22所示。

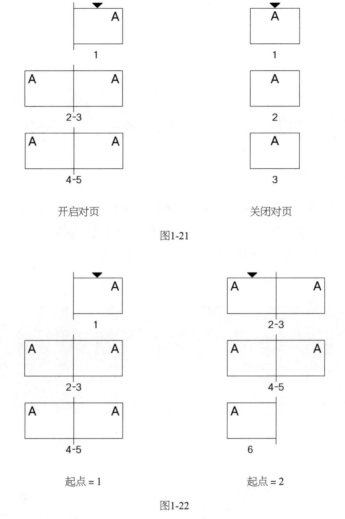

图1-21

图1-22

勾选【主文本框架】复选框后，系统会在所有的页面上自动生成一个与页边距匹配的文本框架，取消勾选会生成完全空白的文档，如图1-23所示。

图1-23

出版物印刷好后还要经过切纸、覆膜、装订等工序才能得到成品，在裁切过程中一旦出现误差，成品上就会留下白边或者是部分内容被裁剪掉。出血就是让页面上的有效内容向外延展一定尺寸，给裁切工序留出足够的公差。

> **提 示**
>
> 印刷厂标准的出血尺寸是3mm，没有特殊需要，不必修改InDesign CC默认的出血设置。

❑ 创建自定义预设

我们还可以将自定义的文档设置参数保存为文档预设，这样下次再设计相同幅面的作品时就不用重新设置了。具体方法是单击【预设详细信息】中的▟按钮，输入预设名称后设置文档的各项参数，最后单击【保存预设】按钮，如图1-24所示。

图1-24

> **提 示**
>
> 单击【新建文档】对话框上方的【已保存】选项卡，就能看到自定义的文档预设。

1.3.2 边距和分栏设置

在【新建文档】对话框中单击【边距和分栏】按钮，或者是双击一个空白文档预设都会打开【新建边距和分栏】对话框，如图1-25所示。

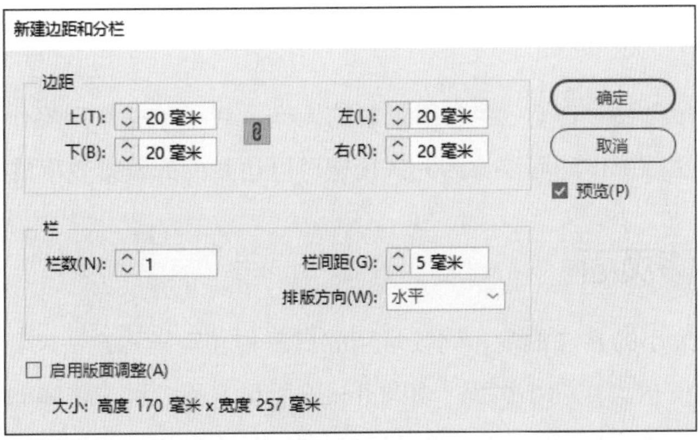

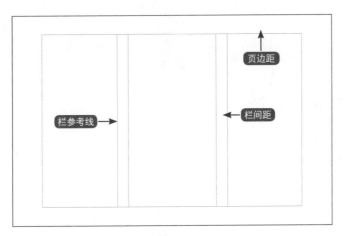

图1-25

【边距】选项组中的参数可用来设置周围空间的大小，按下 🔒 按钮可以强制所有的边距参数都相同。利用【栏数】参数可以创建分栏参考线，如图1-26所示。设置好参数后单击【确定】按钮，一个新的文档才算创建完成。

图1-26

1.3.3　修改文档设置

进入到工作界面后也可以修改文档的各项参数。执行【文件】|【文档设置】命令，在打开的对话框中可以重新设置页面大小和页数，如图1-27所示。执行【版面】|【边距和分栏】命令，在打开的对话框中可以修改页边距和分栏参数。

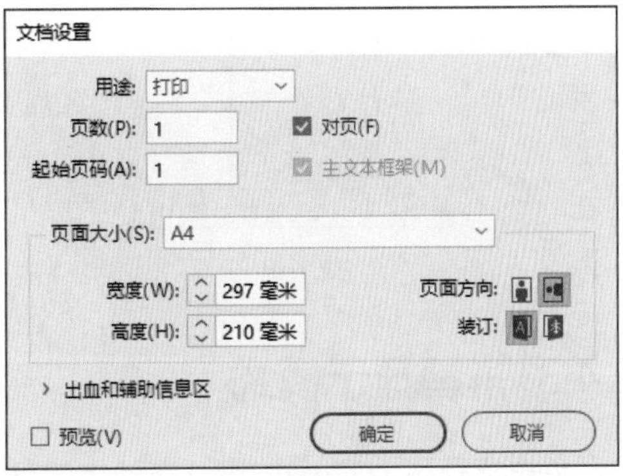

图1-27

1.4 页面显示控制

浏览文档也是InDesign CC中应用频繁的操作。对于这些常用操作，希望大家在初学阶段就养成使用快捷键操作的习惯，因为快捷键可以让我们的编排效率成倍提高。

1.4.1 缩放平移页面

缩放页面显示大小的方法很多，比较常用的有三种。第一种方法是利用标题栏上的缩放级别控件，按照比例放大或缩小页面，如图1-28所示。第二种方法是激活工具箱中的【缩放显示工具】🔍，在页面上单击鼠标放大显示，按住Alt键单击页面缩小显示。第三种便捷的方法是使用快捷键Ctrl＋＝和Ctrl＋－。

图1-28

1.4.2 切换页面操作

切换页面的方法也有三种。第一种常用的方法是拖动文档窗口右侧的滚动条，快捷键是滚动鼠标中键。第二种方法是如果文档的页面数量很多，可以使用状态栏上的页面切换控件快速切换到某个特定的页面，如图1-29所示。

第三种方法是展开【页面】面板，双击一个页面的缩略图就能切换到这个页面，如图1-30所示。

图1-29

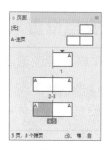

图1-30

1.4.3 屏幕显示模式

单击标题栏上的▦按钮，在弹出的菜单中可以显示或隐藏标尺，以及各种类型的参考线和网格，如图1-31所示。

单击 按钮，在弹出的菜单中可以切换屏幕显示效果。【正常】是InDesign CC的页面编辑模式，选择【预览】可以看到裁切后的成品效果，【出血】显示的是包含出血线的出片效果。

如果我们在InDesign CC中打开了多个文档，并且希望它们同时显示在文档窗口中，可以单击■■按钮选择文档的排列方式，如图1-32所示。

图1-31

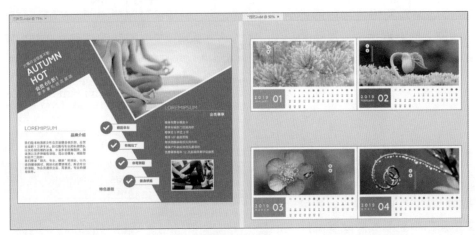

图1-32

提　示

在未选取任何对象的情况下，在文档窗口的任意位置单击鼠标右键，在弹出的快捷菜单的【显示性能】子菜单中可以设置图像和矢量图形的显示品质，如图1-33所示。

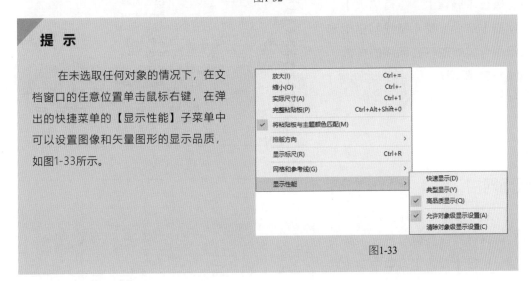

图1-33

1.5　页面辅助元素

网格和参考线是版式设计中非常重要的辅助元素，这些辅助元素可以为版面编排提供视觉参考和构架基准，从而保证版面的统一性和节奏感。

1.5.1　参考网格系统

创建文档时设置的边距和分栏就属于网格。除此之外，InDesign CC的网格系统还包括基线网格、版面网格和文档网格。

❑　基线网格

基线网格的作用是对齐多个段落，让文本看起来更加规范，如图1-34所示。基线网格要与段落样式配合使用才能发挥作用，具体的操作方法会在后面的内容中详细介绍。

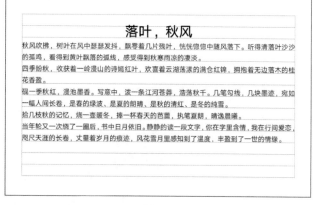

图1-34

单击标题栏上的 ![按钮] 按钮，就可以在文档窗口中显示或隐藏基线网格。执行【编辑】|【首选项】|【网格】命令，在【基线网格】选项组中可以修改基线网格的参数，如图1-35所示。

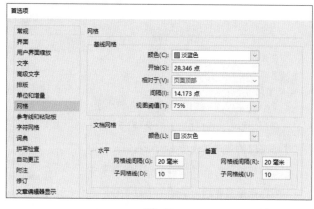

图1-35

版面网格

版面网格不但能让我们对齐文字和安排行数，还具有统计字数的功能。执行【视图】菜单中的【网格和参考线】|【显示版面网格】命令，在文档窗口中就会显示出版面网格，如图1-36所示。

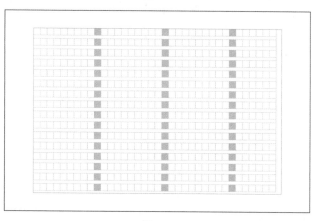

图1-36

执行【版面】｜【版面网格】命令，在打开的对话框中可以修改版面网格的参数，如图1-37所示。

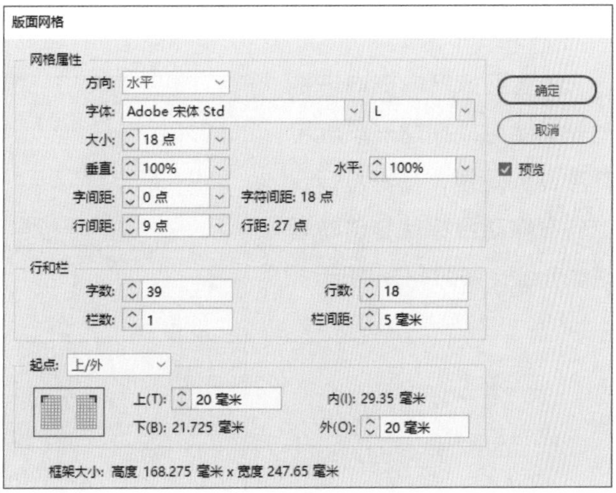

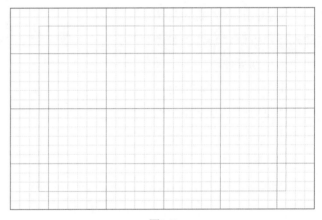

图1-37

❑ 文档网格

当我们需要精确定位文本框、图形、图像等对象的尺寸和位置时，可以使用文档网格作为参考，如图1-38所示。显示文档网格的方法是执行【视图】菜单中的【网格和参考线】｜【显示文档网格】命令。

图1-38

> **提　示**
>
> 　执行【编辑】｜【首选项】｜【网格】命令，在【文档网格】选项组中可以修改基线网格的各项参数。

1.5.2　使用参考线

参考线是一种可以自由设定位置的辅助元素，和文档网格类似，参考线的主要作用也是精确定位对象。

❏ 创建参考线

从水平标尺内部向下拖动光标就可以创建一条水平参考线。同理，在垂直标尺上向右拖动鼠标就会创建垂直参考线，如图1-39所示。

图1-39

按住Shift键在标尺上拖动光标，可以让新建的参考线与标尺刻度吸附对齐。按住Alt键在标尺上拖动光标，可以创建与标尺方向相反的参考线。按住Ctrl键在标尺上拖动光标可以创建跨页参考线，如图1-40所示。

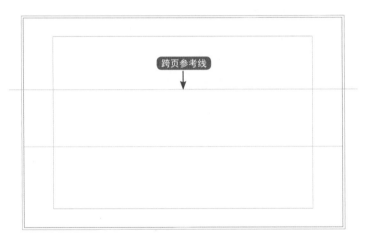

图1-40

执行【版面】|【创建参考线】命令，在打开的对话框中可以同时创建多条等距参考线，如图1-41所示。

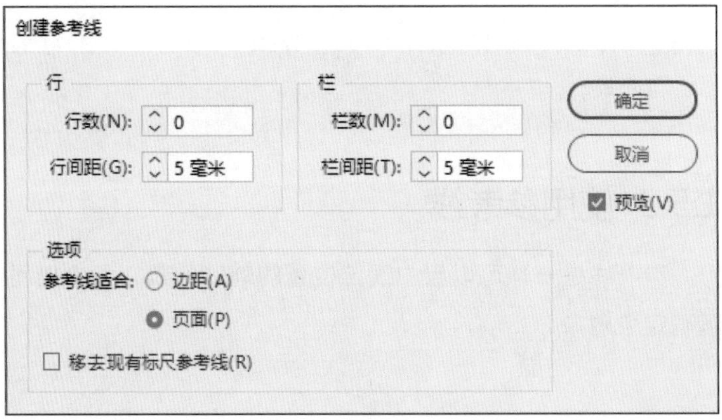

图1-41

技 巧

在标尺上双击鼠标也能创建跨页参考线。按住Ctrl键的同时在标尺交叉点拖动光标，可以同时创建水平和垂直的跨页参考线。

调整参考线

选中一条参考线，拖动光标或者使用键盘上的方向键都可以调整参考线的位置。我们也可以利用控制面板中【X】或【Y】参数精确调整参考线的坐标，如图1-42所示。

图1-42

同时选中两条相同方向的参考线，利用控制面板中的【W】或【H】参数可以调整两条参考线之间的距离。同时选中三条及以上的参考线，在控制面板中勾选【使用间距】复选框，然后单击 按钮，选中的参考线就会按照【使用间距】参数设置的距离均匀分布。

提 示

控制面板中的参数都具有计算功能。比如，我们想让两条水平参考线同时向下移动10毫米，选中这两条参考线后在控制面板的【Y】参数后面输入【+10】，按下回车键即可完成操作，如图1-43所示。

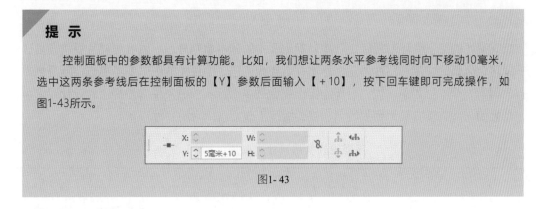

图1- 43

操作和锁定参考线

参考线的主要功能是定位，为了避免误选参考线，在页面上进行拉框选择操作时，只要选框接触到图形、文字等对象，参考线就无法被选中。但是，在页面上单击对象时仍然有可能误选到参考线。最好的解决方法是，创建好参考线后执行【视图】｜【网格和参考线】｜【锁定参考线】命令将参考线锁定。

提 示

与其他类型的网格有所不同，参考线属于对象，也就是说我们可以像操作图形和文字那样操作参考线。在InDesign CC中，单击一个对象就能将其选中；按住Shift键可以加选另一个对象；按下Delete键可以将选中的对象删除；按住Alt键并拖动对象可以复制该对象。

1.6 上机练习

　　本章的内容已经结束，通过本章的介绍你想知道自己究竟掌握了多少吗？我们上机做一个练习就知道了。既然要练习，肯定要设定一个目标。现在假设有客户请你编排如图1-44所示的新年台历，本次上机练习的目标就是建立这本台历的文档和参考线。

图1-44

1 版式设计的第一个环节是确定开本，确定开本的基本原则是适合内容题材且经济合理。例如报纸包含大量的文字和图片信息，开本肯定要大一些。小说类的图书要考虑方便随身携带和保存的因素，开本就要小一些。台历的幅面究竟是多大呢？一般来说客户提出的设计要求中会会包括幅面尺寸，没有具体要求的话，就要按照下表给出的常规尺寸设置。

平面设计常用尺寸（单位：mm）

书籍	宣传册	海报招贴	文件封套
210×148	210×285	540×380	220×305
信纸	名片	手提袋	台历
210×285	90×55	400×285×80	210×140

常用开本成品尺寸（单位：mm）

开本	4开	8开	16开	32开
正度	530×375	375×260	260×185	185×130
大度	580×430	430×285	285×210	210×140

注：成品尺寸＝纸张尺寸－修边尺寸

2 为了方便以后的工作，我们从创建台历的预设文档开始。运行InDesign，单击开始工作区中的【新建】按钮打开【新建文档】对话框，单击【预设详细信息】窗格中的　按钮，如图1-45所示。

图1-45

3 预设名称中应该注明页数和尺寸，这样做的好处是下次应用预设时便于查找，创建其他规格的台历预设时还能避免重名。在文本框中输入预设名称"13页双面台历210×140"，然后设置【宽度】为210毫米，【高度】为140毫米，【页面】数量为26。取消【对页】复选框的勾选后单击【保存预设】按钮，如图1-46所示。

图1-46

4 单击【边距和分栏】按钮打开设置对话框，设置所有边距均为5毫米，最后单击【确定】按钮完成文档的创建，如图1-47所示。

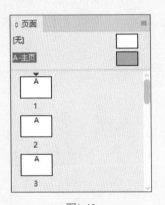

图1-47

5 接下来创建用来分割版面和定位图像的参考线，在面板组上展开【页面】面板，双击【A-主页】缩略图进入编辑模式，如图1-48所示。

6 按住Ctrl键，在标尺交叉点处拖动光标同时创建水平和垂直参考线。选中水平参考线，在【控制】面板中设置【Y】参数为98毫米。选中垂直参考线，设置【X】参数为47毫米，结果如图1-49所示。

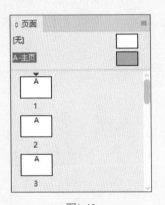

图1-48

图1-49

7 按下Ctrl+C和Ctrl+V组合键复制垂直参考线，在【控制】面板的【X】参数后面输入"+5"后按下回车键，如图1-50所示。复制水平参考线，在【Y】参数后面输入"-5"。参考线创建完成了，使用这种方法创建的参考线无法在文档页面上选取和移动。要想调整参考线的位置，需要切换回A-主页。

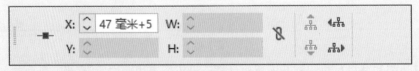

图1-50

8 接下来我们创建台历背面的参考线。单击【页面】面板右上角的≡按钮，执行菜单中的【新建主页】命令，在弹出的对话框中直接单击【确定】按钮，如图1-51所示。

9 执行【版面】|【边距和分栏】命令，修改所有的边距参数均为10毫米。继续设置【栏数】为3，【栏间距】参数为10毫米，单击【确定】按钮完成设置，如图1-52所示。

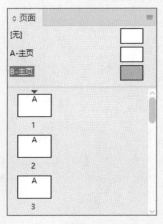

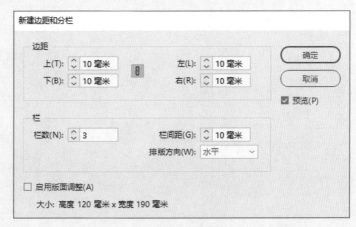

图1-51　　　　　　　　　　　　　　　　　　　图1-52

10 台历背面的参考线如图1-53所示，继续在【页面】面板中将【B-主页】缩略图拖拽到所有偶数页面的缩略图上。文档和参考线都已经创建完成，接下来就可以在页面上插入图像和日期了，当然这些都是后面要学习的内容。现在我们要做的是执行【文件】|【存储】命令把文档保存好。

图1-53

第 2 章
图形与图像处理

文字、图形和色彩是版式设计的三大视觉要素。

在图形图像处理方面，

InDesign为我们提供了丰富的工具和完备的功能，

其绘制图形的能力甚至不弱于专业绘图软件。

本章我们就来学习使用InDesign绘制图形和置入图像的方法。

2.1　创建几何形状

要想学会本节的内容，我们必须理解图形的概念。计算机中的图形是指由轮廓线条构成的矢量图，点是构成图形的最基本单位，两点之间产生线段，一系列的线段连接起来就组成了图形。在InDesign中，构成线段的点被称为锚点，两个锚点之间的线段叫作路径，线段组成的图形叫作形状，如图2-1所示。

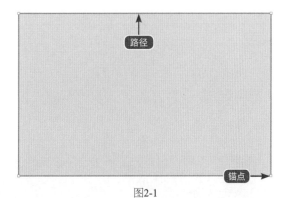

图2-1

形状上的每个锚点都能在普通点、角点和平滑点之间切换，以此来控制描点之间的路径是直线还是曲线，如图2-2所示。剩下的问题就简单了，我们只需调整锚点的数量、位置和类型就可以创建出任意形状的图形。

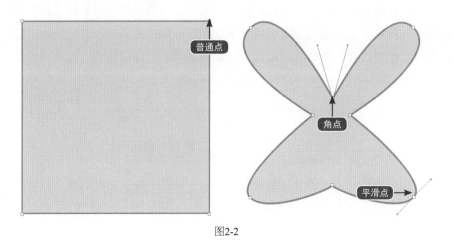

图2-2

2.1.1　创建形状

这里还要解释一下对象的概念。对象是一个很宽泛的叫法，只要是InDesign能够创建和编辑的，都可以称其为对象。换句话说，不管是形状、文字还是表格，在InDesign中，它们之间的区别仅仅是设置参数不同而已。学会了创建形状的方法后，自然可以用同样的方法创建其他类型的对象。

❑ 创建形状

工具面板中提供了三种创建几何形状的工具，在【矩形工具】▨上单击鼠标右键就能全部显示出来。这里以创建椭圆形为例，激活●按钮后在页面上按住鼠标拖动，到达需要的位置释放鼠标，页面上就会生成形状，如图2-3所示。

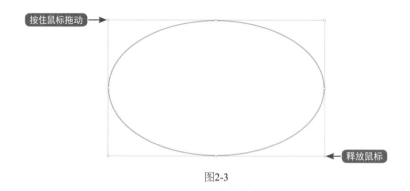

图2-3

> ### 技 巧
>
> 拖动鼠标时按住Shift键可以创建正圆，按住Alt键拖动鼠标可以从圆心开始创建，按住Alt + Shift组合键拖动鼠标可以从圆心开始创建正圆。释放鼠标前按住空格键，生成椭圆形后可以直接移动形状的位置。

一般来说，创建形状之前，我们应该已经在页面上设置好了网格和参考线。在网格和参考线的定位下，使用上面介绍的方法可以快速在预定位置生成预定尺寸的形状。如果定位基准不全或者想要创建尺寸非常精确的形状，可以先激活形状创建工具，然后在页面上单击鼠标，在弹出的对话框中输入形状的尺寸参数后单击【确定】按钮，如图2-4所示。

图2-4

□ 角选项

角选项功能只能作用于路径的直线段部分，这项功能可以自动在形状上添加锚点，从而产生更加复杂的形状。选取一个形状后执行【对象】|【角选项】命令，在打开对话框中就能设置转角的尺寸和形状，如图2-5所示。

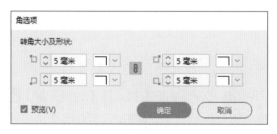

图2-5

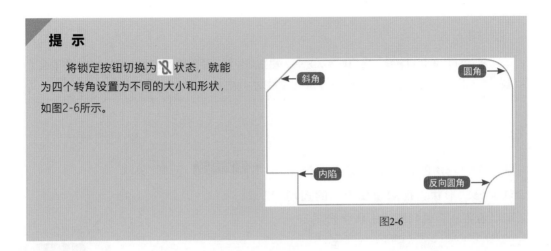

提 示

将锁定按钮切换为 🔒 状态，就能为四个转角设置为不同的大小和形状，如图2-6所示。

图2-6

❑ 转换形状

转换形状是一项很贴心的功能，展开【路径查找器】面板，单击【转换形状】选项组中的按钮，就能将当前选中的形状转换成其他形状，如图2-7所示。

图2-7

2.1.2 调整形状

所谓的调整形状就是调整形状的大小、位置和角度。

❑ 移动形状

在页面上选择一个形状，形状的周围会出现包含数个控制点的框架，拖动框架就可以移动形状的位置，如图2-8所示。

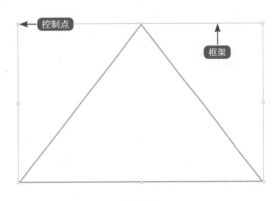

图2-8

> **技 巧**
>
> 　按住Shift键可以将移动方向锁定为水平、垂直或对角。使用键盘上的方向键也可以移动形状，使用方向键移动形状时，按住Shift键可以一次移动10倍的距离。

缩放形状

　　拖动框架四角的控制点可以同时沿着两个轴向缩放形状，拖动边线中心的控制点上可以沿着一个轴向缩放形状。如图2-9所示。

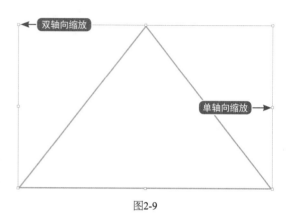

图2-9

> **技 巧**
>
> 　按住Shift键拖动控制点可以等比例缩放形状。

旋转形状

　　将光标移动到四角控制点的外侧，光标变成 ↰ 显示时可以旋转形状。

> **技 巧**
>
> 　旋转形状时按住Shift键，可以将旋转角度锁定为45°的倍数。

精确调整对象

　　创建完成形状后，我们还可以在控制面板中精确调整形状的大小、位置和角度，如图2-10所示。

图2-10

　　在InDesign中，所有对象的调整操作都是围绕着参考点进行的，单击参考点定位器上的一个点，这个点就会成为调整操作的基准。进行移动操作时，选定的参考点是相对坐标的原点；进行缩放操作时，选定的参考点是位置固定的端点；进行旋转操作时，选定的参考点是旋转的轴心，如图2-11所示。

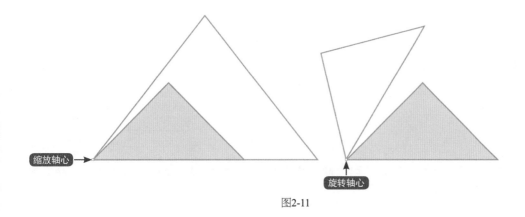

缩放轴心 →

旋转轴心

图2-11

2.1.3　复制形状

按住Alt键移动形状，释放鼠标后就可以复制这个形状，快捷键则是我们熟知的Ctrl＋C和Ctrl＋V。如果你想原地复制形状，按下Ctrl＋C组合键后在页面的空白位置单击鼠标右键，执行快捷菜单中的【原位粘贴】命令。

❑ 多重复制

多重复制功能可以一次性复制多个对象。选中要复制的形状后执行【编辑】｜【多重复制】命令，在打开的对话框中，【计数】参数用于设置复制的数量，勾选【创建为网格】复选框会以矩形阵列的方式复制对象，如图2-12所示。

图2-12

> **提 示**
>
> 勾选话框中的【预览】复选框，文档窗口就会实时更新参数调整后的效果。

❑ 旋转复制

旋转复制就是在复制对象的同时将其旋转一定的角度。选中要复制的对象，在控制面板中设置参考点的位置，如图2-13所示。

图2-13

按住Alt键单击控制面板上的 ⊿ 按钮，在弹出的对话框中设置旋转角度，单击【复制】按钮即可完成旋转复制操作，如图2-14所示。

图2-14

如果你想重复旋转复制操作，可以使用快捷键Ctrl＋Alt＋4，每按一次快捷键就会重复一次旋转复制，如图2-15所示。

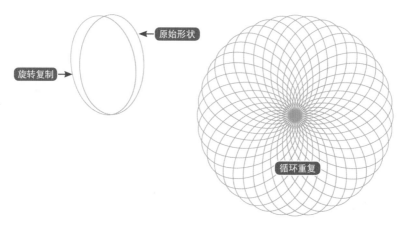

图2-15

2.1.4 对齐形状

页面上有很多形状时，我们可以利用对齐和分布工具快速调整形状之间的位置关系。

▢ 对齐工具

选中两个或两个以上的对象，单击控制面板上的快捷按钮就可以将对象对齐。单击 按钮，在弹出的菜单中可以选择对齐的基准，如图2-16所示。

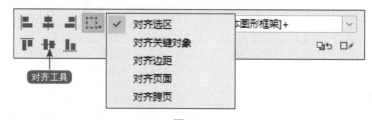

图2-16

例如我们将对齐基准设置为【对齐选区】，按下 按钮后，所有选中对象的框架上边线就会处于同一水平线上，如图2-17所示。

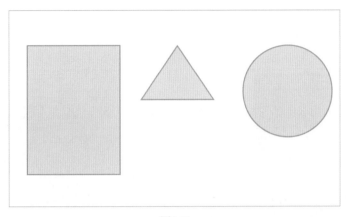

图2-17

　　如果我们将对齐基准设置为【对齐边距】，按下▜按钮后，所有选中对象的框架上边线
会与页面上边距重合，如图2-18所示。

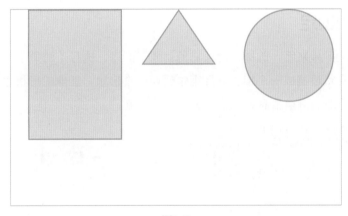

图2-18

❏ 分布工具

　　与对齐工具不同，分布工具会按照对象之间的距离分配对象。要想分布工具生效，我们
至少要在页面上选中三个对象，按下▐▌▐按钮就会以所有对象的框架左边线为基准，匀均分布
对象，如图2-19所示。

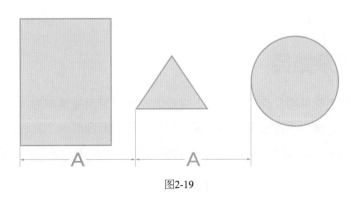

图2-19

在【对齐】面板中还提供了分布间距功能，这项功能可以让所有选中对象之间都间隔相同的距离，如图2-20所示。

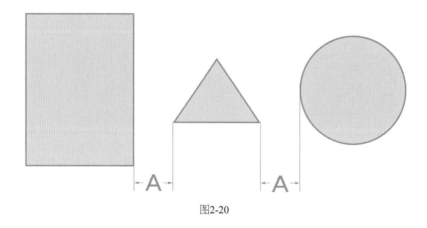

图2-20

2.1.5 编组和锁定

页面上的形状多起来后，选择和管理它们就成了问题。执行【对象】|【编组】命令可以将所有选中的形状设置成一个组，选择组中任何一个形状，其他的形状也会一同被选中。执行【对象】|【取消编组】命令，选中的组就会解散。

> **提 示**
> 双击组中的一个形状就能单独选中和编辑这个形状。

执行【对象】|【锁定】命令，选中的对象就无法被选取。锁定对象的左上角会出现 🔒 图标，单击这个图标就可以解除对象的锁定状态，如图2-21所示。

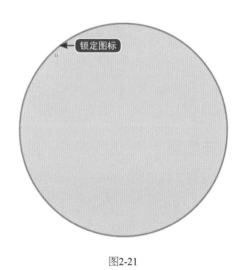

图2-21

2.2 绘制复杂路径

前面创建的都是简单的几何形状，接下来我们还要学习创建复杂形状的方法。创建复杂形状的方法有三种，第一种方法是把多个简单的几何形状组合成一个复杂形状；第二种方法是在几何形状的基础上，通过添加和调整锚点的方式细化形状；第三种方法是用【钢笔工具】绘制形状。

2.2.1 路径查找器

路径查找器就是布尔运算，即通过相加、减去、交叉等逻辑运算方法把简单的基本形状组合成新的形状，如图2-22所示。

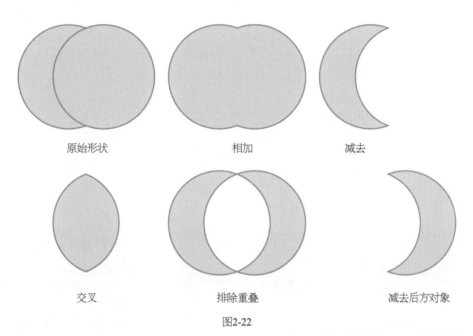

图2-22

路径查找器的操作非常简单，在页面上选取两个或两个以上彼此相交的形状，单击【路径查找器】面板中的快捷按钮就能看到运算的结果，如图2-23所示。

提 示

路径查找器中的【减去】运算会根据图层顺序判断被减对象，如果选择了三个以上的形状，就会用最底层的形状减去其余图层的所有对象。根据这个设置，我们只要在【图层】面板中调整形状的图层顺序，就可以控制减去运算的结果了。

图2-23

2.2.2 编辑锚点

前面介绍过，作为形状的最基本单位，调整锚点的数量、位置和类型就可以改变形状的外观。在【工具】面板中激活 ▷ 按钮后单击一个形状，形状上就会显示出锚点。锚点分为普通点、角点和平滑点三种类型，普通点只能移动位置，角点和平滑点可以通过方向线调整锚点所在路径的曲率，如图2-24所示。

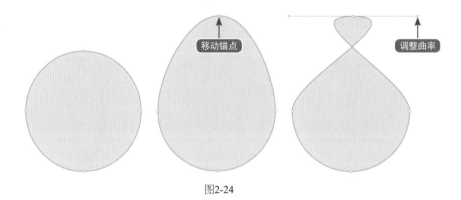

图2-24

转换锚点

展开【路径查找器】面板，单击【转换点】选项组中的按钮就可以切换锚点类型，如图2-25所示。

图2-25

提 示

角点和平滑点的区别是，角点上的两条方向线相对独立，可以单独调整每条方向线的位置和角度。平滑点上的两条方向线始终锁定，调整一条方向线的角度，另一条方向线的角度也会随之改变，如图2-26所示。

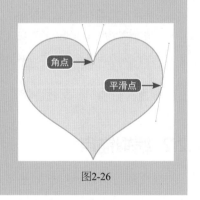

图2-26

添加/删除锚点

用鼠标右键单击【工具】面板上的 🖊 按
钮展开工具组，激活 🖊 工具后单击一个锚
点就能将其删除。激活 🖊 工具后在路径上
单击鼠标，单击的位置会生成一个新锚点，
如图2-27所示。

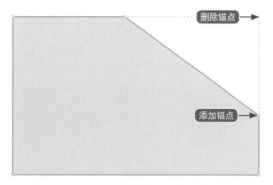

图2-27

2.2.3　钢笔工具

钢笔工具主要用来绘制形状特别不规则的图形。激活【工具】面板中的 🖊 按钮后，在页
面上单击一下就会创建一个锚点，锚点之间会自动产生连线。要创建下一个锚点时，按住鼠
标左键不放并拖动一个方向可以创建曲线，如图2-28所示。将光标移动到第一个锚点上，
指针变为 🖊 形状时单击鼠标可以将路径封闭。

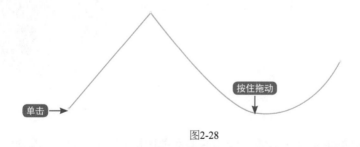

图2-28

展开【路径查找器】面板，利用【路径】选项组中的按钮可以将开放的路径闭合，或者将闭合的路径变成开放状态，如图2-29所示。

图2-29

2.3 色板和渐变

在InDesign中，色彩是一个非常重要的元素。一方面，色彩确立了版面的色调，进而影响版面的风格。另一方面，我们在显示器上看到的色彩不等于成品的效果，如果控制不好颜色类型和颜色模式，印刷后就会出现较大的色差。

2.3.1 颜色类型和颜色模式

要想正确选择颜色类型和颜色模式，我们必须了解它们的概念。

颜色类型

InDesign的颜色类型分为印刷色和专色。印刷色就是我们俗称的四色印刷，即使用黄、洋红、青和黑色作为基础色，然后按照相减混色原理合成其他的色彩，如图2-30所示。

专色是一种预先混合的特殊油墨，具有色域宽、色差小的特点，一般用来印刷Logo或固定图案。选择专色时需要使用潘通色卡或油墨厂商提供的色卡，如果没有特殊需求，不建议自己随意定义专色。因为非标准的专色印刷厂不一定能准确地调配出来，在屏幕上也无法看到准确的颜色。

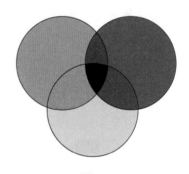

图2-30

❏ 颜色模式

颜色模式主要有Lab、CMYK和RGB三种类型。Lab模式由三个通道组成，其中的L表示亮度，a表示从洋红色至绿色的范围，b表示从黄色至蓝色的范围。这种色彩模式的特点是色域宽阔，肉眼能感知的色彩，都能通过Lab模型表现出来。

RGB是显示器采用的颜色标准，R代表红色，G代表绿色，B代表蓝色，用InDesign设计网页或者是电子书时可以采用这种色彩模式。

CMYK模式就是四色印刷采用的色彩模式，C代表青色，M代表洋红色，Y代表黄色，K代表黑色。设计印刷品时，应该采用这种色彩模式。

2.3.2　使用色板

【色板】面板是创建和管理色彩的中枢，如图2-31所示。面板上的【套版色】和【黑色】属于内置色板，它们后面带有✖图标，表示该色板不能被编辑和删除。【纸色】也是内置色板，仅用来预览，虽然纸色可以修改颜色值以匹配不同类型的纸张，但是不能被打印或印刷出来。

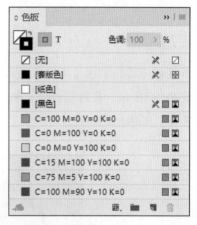

图2-31

❑ **编辑色板**

双击一个色板打开选项对话框，通过下拉菜单选择颜色类型和颜色模式，然后通过滑动条调整设置颜色值，最后单击【确定】按钮保存修改，如图2-32所示。

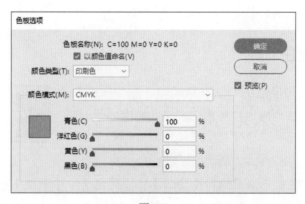

图2-32

提　示

取消【以颜色值命名】复选框的勾选就可以修改色板的名称。

新建和删除色板

单击【色板】面板下方的 ◄ 按钮就会复制当前选中的色板。将色板拖动到 血 按钮上可以将该色板删除。

> **提 示**
>
> 在色板上单击鼠标右键，在弹出的快捷菜单中也可以执行新建、复制和删除色板等操作。

吸取颜色

我们还可以激活【工具】面板上的 🖊 按钮，在页面上的任意位置单击鼠标拾取颜色，如图2-33所示。获取颜色后，单击 ⊞ 按钮可以将由五种颜色组成的颜色组添加到【色板】面板中，如果只想保存一种颜色，可以直接将这个颜色拖动到【色板】面板中。

图2-33

2.3.3 创建渐变色

为形状设置填色和描边的方法非常简单，选中一个形状后，在【控制】面板中通过控件选择即可，如图2-34所示。

图2-34

为形状填充渐变色的方法是执行【窗口】|【颜色】|【渐变】命令打开【渐变】面板，在【类型】下拉菜单中选择渐变方向，如图2-35所示。

在渐变色谱下方单击鼠标就能创建一个新的色标，而删除一个色标的方法是将色标拖离面板以外的范围。按住Alt键单击【色板】面板中的一个色板，选中的色标就会应用这个颜色。左右拖动色标可以调整色标的位置。左右拖动渐变色谱上方的两个滑块，可以控制色标颜色的作用范围，如图2-36所示。

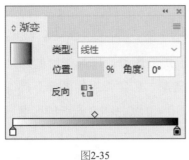
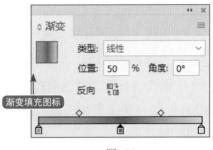

图2-35　　　　　　　　　　　　　　　　　图2-36

> **提　示**
>
> 　　如果想保存设置好的渐变色，只要将【渐变】面板上的渐变填充图标拖动到【色板】面板中即可。

2.4　置入与处理图像

　　计算机中的图像分为位图和矢量图两类。像素是位图最小的信息单元，每个像素都具有特定的位置和颜色值，将很多个像素按照从左到右、从上到下的顺序排列起来就形成了位图。在版式设计中，位图的分辨率用PPI（像素密度）来度量，即每英寸图像内有多少个像素点。很显然，在尺寸不变的情况下，位图包含的像素点越多，分辨率就越高，印刷出来的图像也就越精细。

　　矢量图是用几何特性描述的图形，我们刚刚绘制过的形状就是矢量图。矢量图最大的特点图像质量与分辨率无关，任意放大和缩小都不会失真。缺点是色彩层次不丰富，难以表现逼真的实物，如图2-37所示。

位图　　　　　　　　　　　　　　　　　矢量图

图2-37

　　常用的位图图像格式有JPEG、BMP、TIF和PSD。JPEG格式采用了有损压缩算法，大幅度的减小图像体积的同时也会产生失真。BMP格式几乎不进行压缩，因此会占用很大的磁盘空间。TIF格式支持多种编码方式，具有很强的灵活性和扩展性，是出版印刷业公认的标准格式。PSD是Photoshop的专用文件格式，可以保存图层、透明度、路径等原始信息。

总结前面介绍过的内容，使用InDesign进行版式设计时，排版所需的照片和图片尽量采用TIF格式的位图，颜色模式为CMYK。普通杂志和宣传品的图像分辨率一般为250～300PPI，精美画册和书籍的图像分辨率为350～400PPI，报纸的图像分辨率为150～200PPI。

如果图片需要抠图去除背景，最好在Photoshop中处理，然后保存为PSD格式。版面上的标志和LOGO应该采用矢量格式，直接保存为矢量绘图软件的专用格式即可。

2.4.1 直接置入图像

执行【文件】|【置入】命令，在弹出的对话框中双击一张图像，在文档窗口上单击鼠标即可按照原始尺寸置入图像。在页面上单击并拖动鼠标则可以控制置入图像的大小。

我们还可以在【置入】对话框中选取多张图像，按下【打开】按钮后按照选取顺序逐个置入图像。使用键盘上的方向键可以切换下一张置入的图像，如图2-38所示。

图2-38

提 示

利用【文件】|【置入】命令不但能置入图像文件，还可以将Word文档、Excel表格和媒体文件置入到InDesign中。

置入图像时，系统会自动生成一个和图片尺寸相同的框架。直接用【选择工具】拖动图像边框，只能改变框架的大小，如图2-39所示。

图2-39

双击图像或者使用【直接选择工具】选取图像，拖动图像周围的褐色边框就能调整图像的大小。如果图像大小超过了框架，就相当于对图像进行剪切操作，如图2-40所示。

图2-40

> **提　示**
>
> 按住Shift键拖动边框可以按照原始宽高比缩放图像。

2.4.2　通过框架置入

在实际工作中，创建一个新文档后，我们会利用框架作为占位符，设计好版面的结构布局后再置入图像，如图2-41所示。

图2-41

在【工具】面板上激活【矩形框架工具】☒，在页面上单击并拖动鼠标创建框架，框架上的十字条表示这是一个正在等待充填内容的空白占位符，如图2-42所示。选中这个框架后按下快捷键Ctrl+D，就可以在框架中内置入图像。

图2-42

> **提 示**
>
> 除了起到提示的作用以外，框架和形状之间就没有别的不同了。给框架充填上填色和描边就可以把它当作形状使用，在【路经查找器】面板中同样可以切换框架的形状。除此以外，形状和文本框中也可以置入图像。

2.4.3 置入透明图层

如果图像带有透明信息，把这个图像置入到InDesign后就会显示出同样的透明效果。问题是，如果图像中包含很多个图层，我们只想置入部分图层时应该怎么办呢？遇到这种情况，我们可以在【置入】对话框中勾选【显示导入选项】复选框，然后双击需要置入的图像，如图2-43所示。

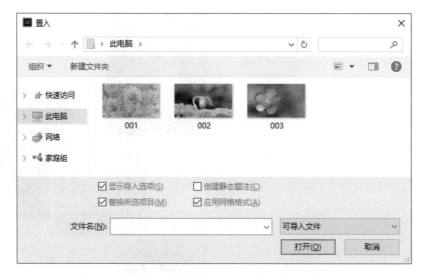

图2-43

在弹出的【图像导入选项】对话框中单击【图层】选项卡，通过【显示图层】选项组中的 ◉ 按钮就可以选择导入哪些图层了，如图2-44所示。

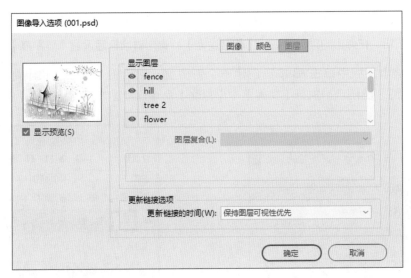

图2-44

2.4.4　置入剪切路径

用钢笔工具绘制复杂形状是一件费时费力的工作，而在Photoshop中，只需拖动鼠标就能轻松创建各种自定义形状。如果能将Photoshop的自定义形状导入成InDesign的路径，是不是就能免去绘制形状的烦恼呢。这里介绍一下用剪切路径功能导入PS形状的方法。

在Photoshop中单击【工具】面板中的【自定义形状工具】 ，在【控制】面板上选择一个自定义形状后在画布上创建形状路径，如图2-45所示。

先单击【路径】面板中的 按钮建立选区，然后单击面板右上角的 按钮，在弹出的菜单中选择【建立工作路径】，如图2-46所示。继续在弹出的对话框中设置【容差】参数为3。

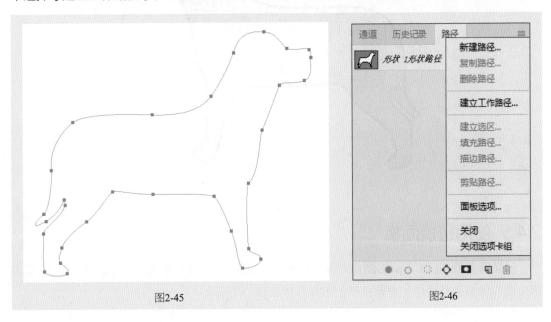

图2-45　　　　　　　　　　　　　图2-46

双击【路径】面板中的【工作路径】，弹出对话框后单击【确定】，如图2-47所示。再次单击 ≡ 按钮，在弹出的菜单中选择【剪贴途径】，弹出对话框后设置【展平度】参数为1。

在【图层】面板中单击 按钮创建一个新图层，然后将【形状】和【背景】图层删除，结果如图2-48所示。执行【文件】|【存储】命令保存图像，格式选择【PSD】。

图2-47

图2-48

在InDesign中置入刚刚保存的图像，选中图像后在页面上单击鼠标右键，在弹出的快捷菜单中执行【将剪切转换为框架】命令。这样就得到了完整的路径，我们不但可以给路径填色描边，还能用【直接选择工具】编辑路径上的锚点，如图2-49所示。

图2-49

2.4.5 使用链接面板

已经置入到InDesign的图像如果被修改，那么图像的右上角就会显示出 ⚠ 图标，双击这个图标就会更新图像，显示最新的效果，如图2-50所示。

【链接】面板是管理和查看图像信息的中枢，如图2-51所示。在这里我们要重点关注【有效PPI】数值。【实际PPI】是原始图像的像素密度，【有效PPI】是图像经过InDesign处理后的像素密度。如果有效PPI数值达不到印刷标准，就要缩小图像或者更换图像素材。

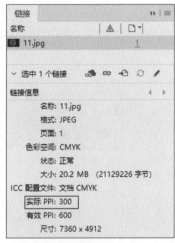

图2-50　　　　　　　　　　　　　　　　　　　　　　图2-51

为了节约文档容量，我们在页面上看到的图像只是包含原始图像链接的显示样本。如果原始图像缺失，那么将文档发送给别人后就无法显示这个图像。要想避免这个问题，我们可以单击【链接】面板右上角的 ≡ 按钮，在弹出的菜单中执行【嵌入链接】命令将原始图像嵌入文档中。

> **提示**
>
> 图像嵌入文档后会增加文档的体积，而且嵌入的图像无法再随着原始图像的更新而更新。

2.5　图层和效果面板

用过Photoshop的读者一定很熟悉图层。我们可以把图层想象成一张张透明的纸，把这些纸堆叠起来后，上面一张纸透明的地方就会显示出下面一张纸上的图像，不透明的地方则会遮挡下面的图像，如图2-52所示。

所谓的效果，其实就是Photoshop中的图层混合模式和图层样式的结合体。图层混合模式是将当前层的对象颜色与下一层的对象颜色混合叠加，通过不同的混合算法产生各种效果，如图2-53所示。

图2-52

图2-53

图层样式也是一项图层处理功能，这项功能可以简单快捷地制作出各种立体投影、质感以及光景效果，如图2-54所示。

图2-54

2.5.1　使用图层面板

　　【图层】面板不但是图层操作的中心，在这里还可以很方便地查看和管理文档中的各种对象。在对象名称列表中，对象名称的先后顺序就是图层的顺序，调整图层顺序的方法是上下拖动对象名称，如图2-55所示。

　　单击对象名称前面的 ● 按钮，就可以在页面上隐藏这个对象，单击对象名称后面的 □ 按钮，这个对象就会被选中，如图2-56所示。

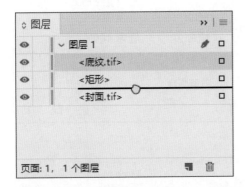

图2-55

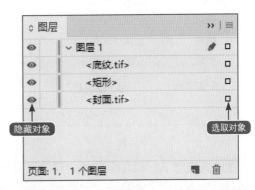

图2-56

　　在对象名称列表中选择一个对象，单击面板下方的 🗑 按钮可以将该对象删除。单击面板下方的 🔻 按钮可以创建一个新的图层，双击图层名称打开【图层选项】对话框，在这里可以修改图层的名称、颜色和其他选项，如图2-57所示。

图2-57

> **技　巧**
>
> 　　将对象名称拖动到 🗑 按钮上也可以删除对象，将对象名称拖动到 🔻 按钮上就能完成原位复制对象操作。

2.5.2　使用效果面板

　　效果可以应用给对象的不同级别，比如我们在【效果】面板中选择【对象】级别，减小【不透明度】参数后，对象的填色、描边和包括的文本都会变成半透明状态。如果我们选择【填充】级别，那么【不透明度】参数只能作用于对象的填色部分，如图2-58所示。

❏ 使用混合模式

当两个对象彼此重叠时，通过混合模式列表可以选择叠加部分的颜色混合效果，如图2-59所示。

图2-58

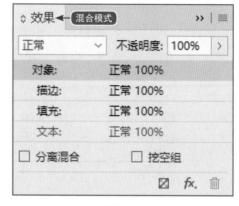

图2-59

在默认设置下，对某个对象应用了混合模式后，该对象下方的所有对象都会受到影响。如果我们只想让混合模式作用于特定对象，可以先将需要混合的对象编组，然后勾选【分离混合】复选框，如图2-60所示。

【挖空组】选项的作用和【分离混合】正好相反，【分离混合】选项可以让混合模式只影响编组的对象，而【挖空组】选项则是让混合模式不影响编组的对象，如图2-61所示。

正常混合

分离混合

分离混合

挖空组

图2-60

图2-61

❏ 添加对象效果

选中页面上的对象后，单击【效果】面板下方的 *fx* 按钮，在弹出的对话框中就能为选定的对象添加和设置样式效果，如图2-62所示。

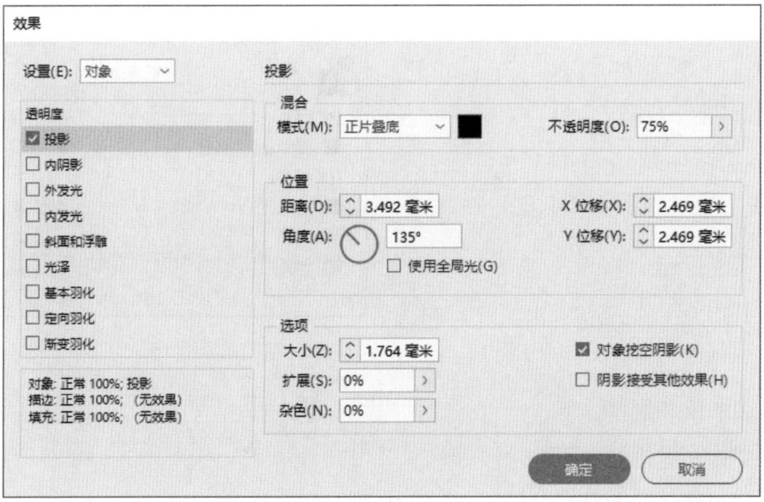

图2-62

提 示

样式效果不但可以应用给形状和图像,还能直接作用于文字。

单击【效果】面板下方的 🗑 按钮可以将应用到对象上的样式效果清除,单击 ⊘ 按钮可以清除对象上所有的混合模式、不透明度和样式效果设置。

2.6 上机练习

请打开第1章上机练习保存的台历文档,如果没有保存,可以打开附赠素材中的【上机练习】|【上机练习02】|【台历.indd】文档。学习了本章的内容后,我们可以给台历添加图像和形状了。

1 虽然是练习,也应该按照实际工作的步骤进行。按照标准流程,创建好文档后,下一步应该设置色板。展开【色板】面板,双击第一个青色色板,在弹出的对话框中修改颜色值为CMYK=0、0、0、70。取消【以颜色值命名】复选框的勾选,然后将色板名称命名为"文字",如图2-63所示。

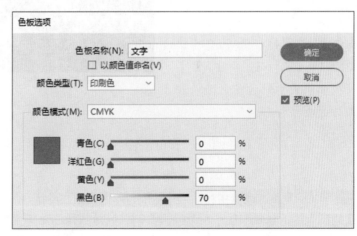

图2-63

2 双击洋红色板，设置色板的名称为"封面"，修改颜色值为CMYK＝19，97，74，0。将其余的色板拖动到面板下方的 🗑 按钮上删除，结果如图2-64所示。

图2-64

3 接下来添加图像和形状。按F键激活【矩形框架工具】，在页面1上捕捉出血线和参考线创建矩形框架，如图2-65所示。

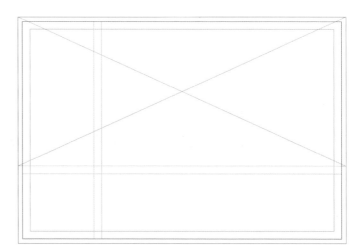

图2-65

4 在【控制】面板中勾选【自动调整】复选框，然后按Ctrl＋D组合键置入附赠素材中的【上机练习】|【上机练习02】|【封面.tif】图像。在页面的空白位置单击鼠标右键，在弹出快捷的菜单中执行【显示性能】|【高品质显示】命令，结果如图2-66所示。

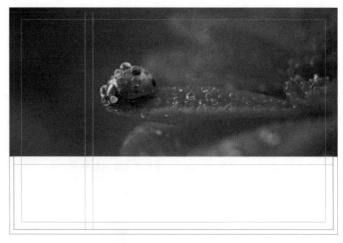

图2-66

5 形状的宽度和高度中包括描边粗细，如果先创建形状，然后取消形状的描边，那么这个形状的尺寸就会变小。因此，需要创建没有描边的形状时，我们应该在【控制】面板中将填充颜色设置为【封面】，将描边颜色设置为【无】。按M键激活【矩形工具】，在图像下方创建一个矩形，如图2-67所示。

图2-67

6 按V键激活【选择工具】，然后在页面的空白位置单击鼠标取消形状的选取。继续在【控制】面板中设置填充色为【纸色】，按M键激活【矩形工具】，捕捉两条水平参考线创建矩形，如图2-68所示。

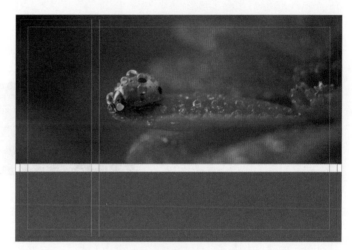

图2-68

7 执行【窗口】|【效果】命令展开【效果】面板，设置混合模式为【叠加】，如图2-69所示。

图2-69

8 封面设置好了，现在切换到页面2，捕捉出血线创建一个矩形形状。在【控制】面板中设置【H】为70毫米，填充色为【封面】。单击 按钮，在弹出的菜单中选择【对齐页面】，继续单击 按钮居中对齐矩形，结果如图2-70所示。

图2-70

9 按Ctrl＋C和Ctrl＋V组合键
复制矩形形状，在【控制】面板
中修改【H】参数为5毫米，填
色为【纸色】。将白色矩形的上
边缘与红色矩形的上边缘对齐，
然后按住Alt键移动白色矩形进
行复制操作，将复制矩形的下边
缘与红色矩形的下边缘对齐，
结果如图2-71所示。展开【效
果】面板，设置两个白色矩形的
混合模式为【叠加】。

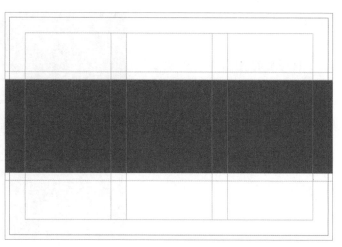

图2-71

10 按T键激活【文字工具】，
在页面上创建一个文本框架后输
入"2019"。选中所有数字，在
【控制】面板中设置【字体】为
"Dessau Pro"，【字体大小】
为80点，填色为【纸白】。按
Esc键激活【选择工具】，单击
【控制】面板上的■按钮让文
本框架的尺寸适配文字大小，继
续单击■按钮将文本框架居中对
齐，如图2-72所示。

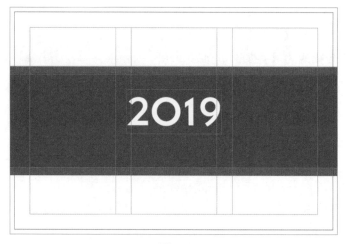

图2-72

11 执行【文字】|【创建轮廓】命令将文字转换成形状，然后按Ctrl+D组合键置入附带素材中的【上机练习】|【上机练习02】|【背景.tif】图像。在文字上双击鼠标进入图片编辑模式，按住Shift键缩小背景图像，结果如图2-73所示。

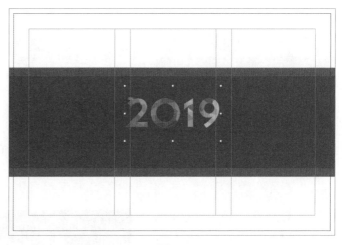

图2-73

12 按Esc键退出图像编辑模式，在【控制】面板上设置描边色为【纸白】，【描边粗细】为1.5点。展开【效果】面板，单击面板下方的 *fx* 按钮，在弹出的菜单中选择【外发光】。在【效果】对话框中设置【模式】为【正片叠底】，颜色为黑色，继续设置【不透明度】为50%，【大小】为2毫米，单击【确定】按钮完成设置，如图2-74所示。

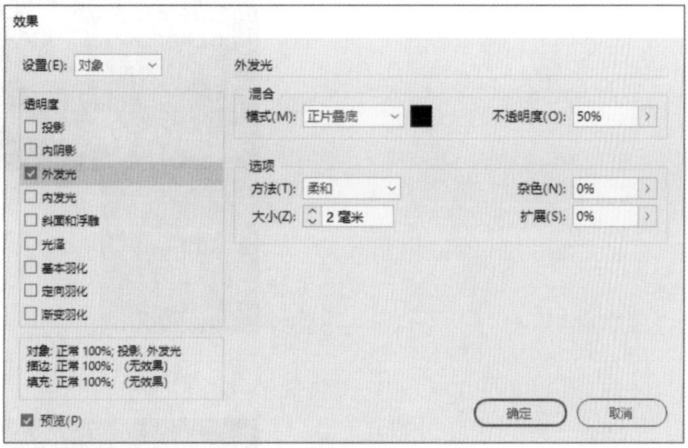

图2-74

13 切换到第三个页面，按F键激活【矩形框架工具】，捕捉出血线和参考线创建框架。确认【控制】面板中的【自动调整】复选框被勾选，然后按Ctrl+D组合键置入附带素材中的【上机练习】|【上机练习02】|【001.tif】图像，如图2-75所示。

图2-75

14 按Shift＋I组合键激活【颜色主题工具】，在图像上单击鼠标拾取颜色，将左数第二个色板拖动到【色板】面板中，然后将色板命名为"一月"，如图2-76所示。

图2-76

15 在【控制】面板中设置填色为【一月】，描边色为【无】，然后在页面的左下角创建一个矩形，如图2-77所示。

图2-77

16 台历一月的正面设置好了，选中矩形形状和图像框架后按Ctrl＋C组合键复制。切换到页面5，单击鼠标右键后执行【原位粘贴】命令，然后按照前面的操作替换图像、拾取颜色，如图2-78所示。其余奇数页的页面请读者自行设置，正好可以熟练一下各项操作，最后别忘了保存文档，在下一章中，我们还要给台历添加文本。

图2-78

InDesign CC
排版设计全攻略（视频教学版）

第 3 章
文本与段落编排

文本和段落编排是版式设计的基础，

InDesign提供了强大的文本编辑功能，

用户可以利用多种工具，

方便灵活的处理文本。

特别是编排手册、书籍等包含大量文本的作品时，

InDesign专业和高效优势体现的尤为明显。

本章我们就来学习InDesign的文本处理功能。

3.1 输入和置入文本

在InDesign中，我们既可以使用文字工具在页面上的任意位置输入文字，也可以从其他软件创建的文档中导入文本。

3.1.1 文本框架分类

InDesign中的文本全部位于被称为文本框架的容器内，文本框架和文本可以分别编辑。这种设定操作起来略显烦琐，但是能精确地对齐和控制文本范围。文本框架又分为框架网格和纯文本框架两种类型，框架网格是专为亚洲语言排版设计的文本框架类型，纯文本框架则是没有网格的空白文本框架。

❑ 创建纯文本框架

激活【工具】面板中的【文字工具】**T**，在页面上按住鼠标左键拖动生成文本框架，释放鼠标就能在文本框架中输入文字，如图3-1所示。完成输入后按Esc键退出文本编辑模式。

图3-1

> **提 示**
>
> 和创建形状一样，按住Shift键可以创建正方形文本框架；按住Alt键可以从文本框架的中心向四周创建。

激活【文字工具】后在文本框架内单击，或者激活【选择工具】▶后在文本框架上双击都可以重新进入文本编辑模式。在文本编辑模式下，按住鼠标拖动就能选取文本；双击文本可以选取相同类型的连续字符；在文本上单击三下鼠标可以选取整个段落；按Ctrl＋A组合键可以选取文本框架中的所有文本，如图3-2所示。

图3-2

技 巧

按住Ctrl键可以在不退出文本编辑模式的情况下移动文本框架。

右键单击【工具】面板上的 **T** 按钮，在弹出的扩展工具中激活 **↓T** 按钮就可以创建直排文本框架。创建直排文本框架的另一个方法是执行【文字】|【排版方向】|【垂直】命令，将横排文本框架切换为直排文本框架。

在文本编辑模式下单击【控制】面板最右侧的 ≡ 按钮，弹出菜单后勾选【在直排文本中旋转罗马字】，直排文本中的罗马数字会变成横排显示，如图3-3所示。

单击 ≡ 按钮后执行【直排内横排设置】命令，在弹出的对话框中勾选【直排内横排】复选框，可以将选中的文本切换成横排显示，如图3-4所示。

直排　　　　　旋转罗马字

图3-3

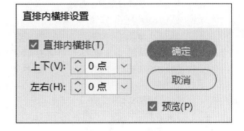

图3-4

❑ 创建框架网格

框架网格与纯文本框架的区别主要体现在三个方面。首先，框架网格中的字符、全角字框和间距都显示为网格，纯文本框架则没有任何网格。其次，框架网格包含字符属性设置，这些预设的字符属性可以应用到置入的文本上，而纯文本框架没有字符属性设置。第三，框架网格具有字数统计功能，在框架网格底部或者是【信息】面板中可以查看文章或选区的字数，如图3-5所示。

创建框架网格的方法与创建纯文本框架相同，激活【工具】面板中的【水平网格工具】 ▦ 或【垂直网格工具】 ▥，先在页面上按住鼠标拖动创建框架网格，释放鼠标后在框架网格中输入文本。执行【对象】|【框架网格选项】命令，在打开的对话框中可以设置框架网格的各项参数选项，如图3-6所示。

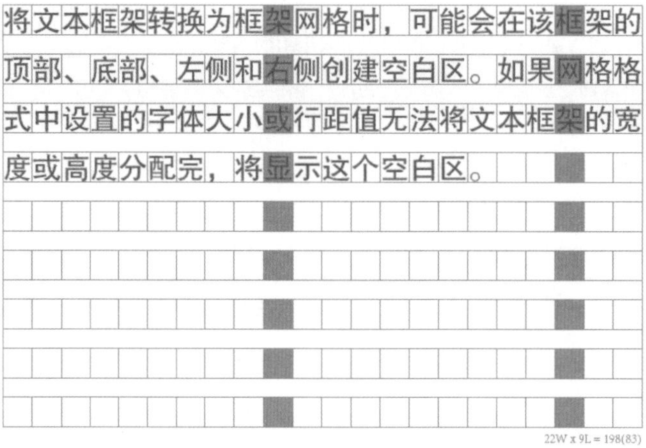

将文本框架转换为框架网格时，可能会在该框架的顶部、底部、左侧和右侧创建空白区。如果网格格式中设置的字体大小或行距值无法将文本框架的宽度或高度分配完，将显示这个空白区。

22W x 9L = 198(83)

图3-5

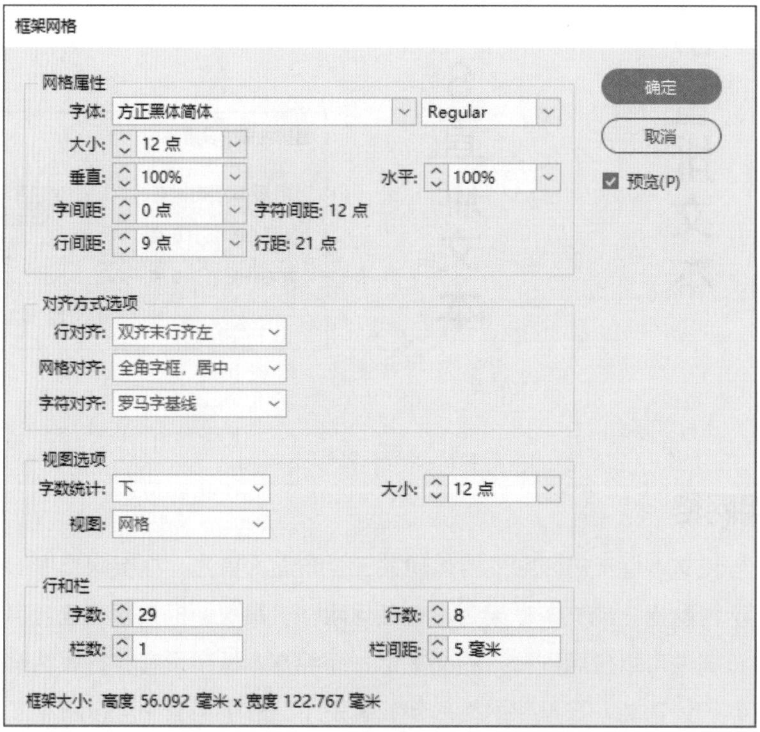

图3-6

提 示

框架网格与纯文本框架之间可以相互转换，选中一个框架网格后执行【对象】|【框架类型】|【文本框架】就能将其转换成纯文本框架。

3.1.2　编辑文本框架

选中一个文本框架，我们发现框架四边有很多控制柄，如图3-7所示。与形状相同，拖动框架中心和四角的手柄可以缩放文本框架；将光标移动到四角控制点的外侧，变成↖显示时可以旋转文本框架。

图3-7

在【控制】面板中可以设置文本框架的填充色和描边，激活【工具】面板上的↖按钮可以编辑文本框架的锚点，进而改变文本内框架的形状。我们也可以展开【路径查找器】面板，通过【转换形状】选项组中的按钮转换文本框架的形状，如图3-8所示。

图3-8

❏ 对齐文本框架和文本

在默认设置下，文本对齐到文本框架的左上角。选中文本框架后，通过【控制】面板上的控件可以设置文本和文本框架的垂直对齐方式，如图3-9所示。

图3-9

提 示

双击文本框架右下角的控制柄，或者单击【控制】面板中的按钮，文本边框会自动缩小到文字边缘。

双击文本框架进入到文本编辑模式，通过【控制】面板上的控件可以设置选中文本和文本框架的水平对齐方式，如图3-10所示。

图3-10

◻ 锚定对象和行间对象

锚定图像功能可以在文本框架之间，或者是文本框架与图像之间建立链接关系，主要用于为文字添加图注、图标或注释。

将图像框架或文本框架上的定位锚点拖动到一个文本框架中，定位锚点变成 ⚓ 显示，表示已经产生了链接。为了便于解释，我们将锚点变成 ⚓ 显示的图像称为锚定对象，将与锚定对象连接的文本框称为定位对象。移动定位对象的位置，锚定对象也会随之移动，而锚定对象的位置改变不会影响定位对象。执行【视图】|【其他】|【显示文本串接】命令就能看到图像和文本框架之间的连线，如图3-11所示。

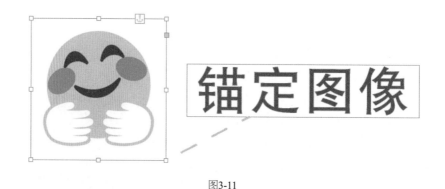

图3-11

技 巧

选中锚定对象，执行【对象】|【定位对象】|【释放】命令可以解除锚定关系。

按住Shift键的同时将定位锚点拖动到另一个文本框架上，锚定对象就会嵌套到文本框架中成为行间对象，如图3-12所示。

图3-12

提 示

执行【对象】｜【定位对象】｜【选项】命令，在打开的对话框中可以设置行间对象的定位参考点和位置，如图3-13所示。

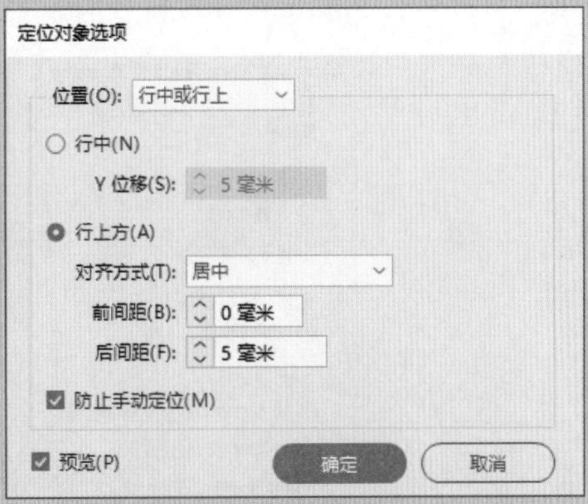

图3-13

3.1.3　导入Word文档

作者提交给出版社或杂志社的文章基本都是Word文档，使用InDesign编排时不可能采用输入文本的方式，唯一的手段就是把Word文档中的内容导入到InDesign中。执行【文件】｜【置入】命令，在【置入】对话框中双击一个Word文档，在页面上单击即可完成导入操作。

❑ **文档导入选项**

在默认设置下，导入的文本包含在框架网格内，在【置入】对话框中取消【应用网格格式】复选框的勾选，就能以文本框架的形式导入文字，如图3-14所示。

图3-14

在【置入】对话框中勾选【显示导入选项】复选框，导入Word文档前就会弹出【Microsoft Word导入选项】对话框。如果不想导入文档中的图像，取消【导入随文图】

复选框的勾选即可。勾选【移去文本和表的样式和格式】单选按钮，可以导入不带任何格式的纯文本，如图3-15所示。

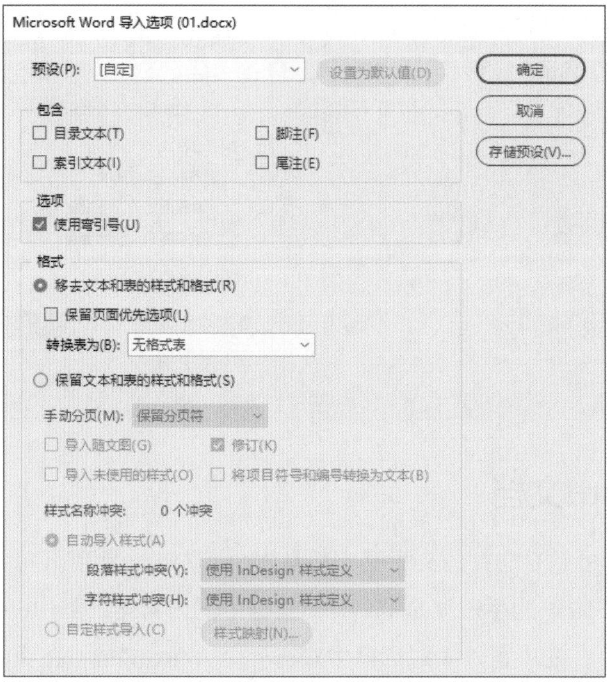
Microsoft Word 导入选项 (01.docx)
预设(P): [自定]
设置为默认值(D)
确定
取消
存储预设(V)...
包含
目录文本(T)
脚注(F)
索引文本(I)
尾注(E)
选项
使用弯引号(U)
格式
移去文本和表的样式和格式(R)
保留页面优先选项(L)
转换表为(B): 无格式表
保留文本和表的样式和格式(S)
手动分页(M): 保留分页符
导入随文图(G)
修订(K)
导入未使用的样式(O)
将项目符号和编号转换为文本(B)
样式名称冲突: 0 个冲突
自动导入样式(A)
段落样式冲突(Y): 使用 InDesign 样式定义
字符样式冲突(H): 使用 InDesign 样式定义
自定样式导入(C)
样式映射(N)...

图3-15

❑ 串接文本

每个文本框架上都有一个入口和一个出口，单击入口或出口后，在页面的空白区域拖动鼠标就会生成相互链接的文本框架，这个操作过程叫作串接文本，如图3-16所示。

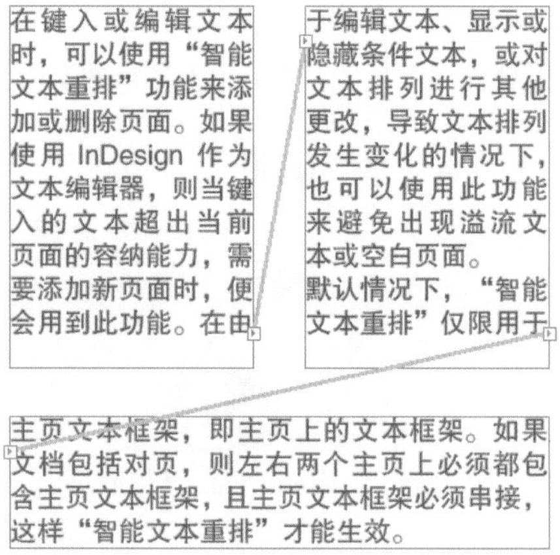
在键入或编辑文本时，可以使用“智能文本重排”功能来添加或删除页面。如果使用 InDesign 作为文本编辑器，则当键入的文本超出当前页面的容纳能力，需要添加新页面时，便会用到此功能。在由
于编辑文本、显示或隐藏条件文本，或对文本排列进行其他更改，导致文本排列发生变化的情况下，也可以使用此功能来避免出现溢流文本或空白页面。
默认情况下，“智能文本重排”仅限用于
主页文本框架，即主页上的文本框架。如果文档包括对页，则左右两个主页上必须都包含主页文本框架，且主页文本框架必须串接，这样“智能文本重排”才能生效。

图3-16

提 示

执行【视图】|【其他】|【显示文本串接】命令，就能在页面上看到串接文本框架间的链接关系。

在InDesign中导入Word文档后，所有内容只显示在一个文本框架中，如果文本框架容纳不下，多余的内容就被隐藏起来，同时文本框架的出口变成⊞显示，表示该文本框架有溢流文本，如图3-17所示。

图3-17

串接文本一般在编辑长文档时使用，主要用来解决溢流文本的问题。串接文本有四种操作方法：第一种操作方法是单击⊞图标，然后在页面的空白位置或其他页面拖动鼠标创建串接文本框架。

第二种操作方法是单击⊞图标后按住Alt键，在页面的空白位置每单击一下鼠标就会生成一个串接文本框架。这个方法的好处是可以连续创建串接文本框架，不必每次都单击⊞图标。

第三种操作方法是单击⊞图标后按住Shift＋Alt组合键，然后在文本框架以外的任意位置单击鼠标，系统会在文档的所有页面上生成串接文本框架。

如果我们导入的Word文档有几百页就需要使用第四种操作方法，单击⊞图标后按住Shift键，在文本框架以外的任意位置单击鼠标，系统会自动创建新的页面并且在新建页面上生成串接文本框架，直到所有内容全部显示为止。

提　示

删除一个串接文本框架时，被删除文本框架中的文本就会回流到下一个文本框架中。

断开文本框架串接的方法是单击出口位置的▶图标，然后在文本框架内单击，如图3-18所示。剪切与粘贴文本框架也会断开文本框架之间的串接。

第 1 章 InDesign CC 基础入门

在第一章中，我们的目标是对版式设计和 InDesign CC 有一个总体上的认识。先了解一些版式设计中的常用术语，然后熟悉 InDesign CC 的工作界面和相关操作，掌握这些内容可以为后面的学习打好基础。

1.1 InDesign 概述

InDesign 是著名的软件生产商 Adobe 公司开发的一款排版设计软件，这款软件不但可以设计编排画册、杂志、书籍等印刷品，还可以制作电子书和交互式 PDF 文档。InDesign 的最新版本是 InDesign CC2018，其中的 CC 是 Creative Cloud（创意云）的缩写。作为 InDesign CS 的继任者，InDesign CC 最大的改变是用户不必再购买安装包，而是通过 Adobe Creative Cloud 获取版本更新和在线助手等云端服务。

1.1.1 为什么用 InDesign 排版

既然 Word 也能排版，为什么一定要用 InDesign 呢？确实，有经验的排版人员可以直接用 Word 编

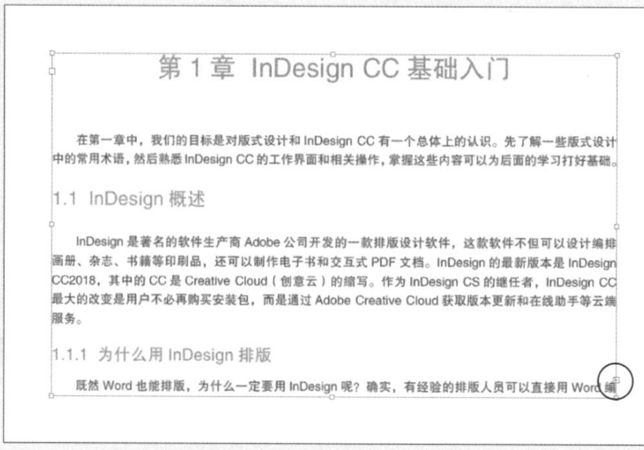

图3-18

3.1.4 创建路径文本

路径文本是版式设计中比较常用的一种设计手法，创建路径文本的方法非常简单，先在页面上创建一个形状，然后激活【工具】面板中的或按钮，在形状上单击就可以输入跟随形状的文本，如图3-19所示。

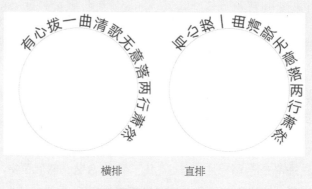

横排　　　　直排

图3-19

拖动路径文本两侧的竖线就可以调整文字在路径上的位置，将路径文本中间的竖线拖动到形状内侧就可以翻转路径文本的方向，如图3-20所示。

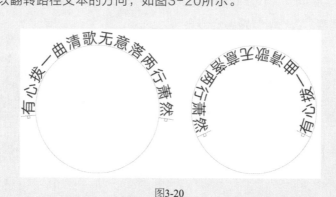

图3-20

提　示

单击位置竖线旁边的方框，然后在页面的空白位置单击就能把文本从路径中分离出来。

执行【文字】｜【路径文字】｜【选项】命令，在打开的对话框中可以设置路径文字的效果、间距等属性，如图3-21所示。

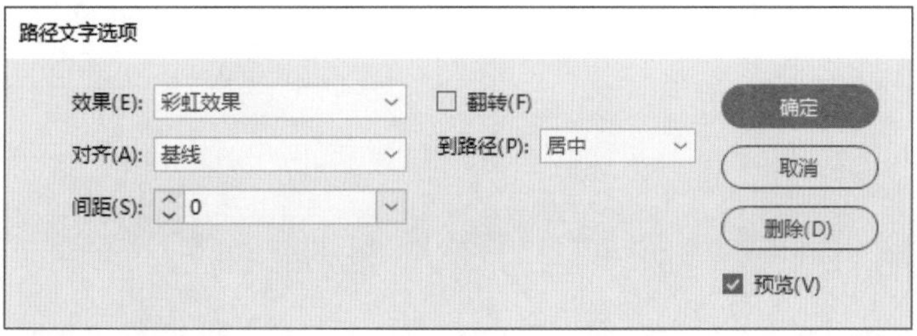

图3-21

3.2　字符与段落格式

字符格式是指文字的字体、字号、粗体、斜体、加下划线等属性，选取文本框架中的文字后，在【字符】面板中就可以设置。执行【窗口】｜【文字和表】｜【字符】命令，在打开的【字符】面板中提供了更加丰富的参数选项，如图3-22所示。

这些字符设置参数很好理解，基本都是字面意思。就算你没使用过Word，只要逐个调整一下参数选项就能明白它们各自的作用，没有逐个赘述的必要。关键问题是如何根据出版物的性质和要求，合理地选择字体、字号，并且通过颜色、间距等字符设置让版面既美观、又符合人们的阅读习惯，这部分内容会在后面的案例中详细介绍。

图3-22

3.2.1　复制字符属性

吸管工具相当于Word的格式刷，这个工具可以复制文字的字体、字号、颜色等属性，然后将这些属性应用给别的文字。吸管工具的使用方法有两种，第一种方法是激活【工具】面板中的【吸管工具】，在要复制格式的文本上单击，指针变成显示。将光标移动到目标文本上，拖动鼠标选中的文字就会应用文本格式，如图3-23所示。

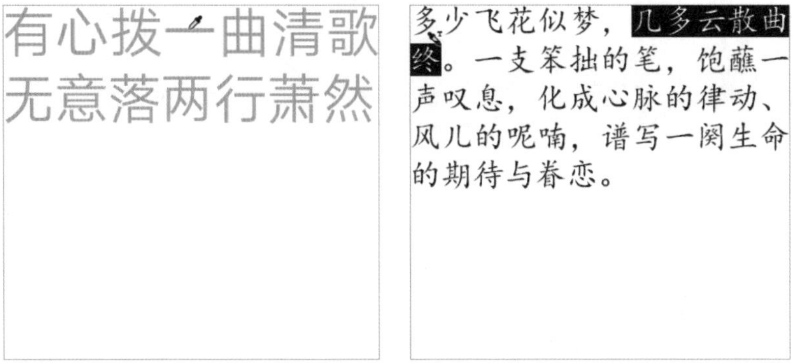

图3-23

技 巧

只要光标显示为，就可以继续选取其他文本应用格式。在页面的空白位置单击鼠标就能清空复制的格式，按住Alt键可以在不清空当前格式的情况下重新吸取新格式。

第二种方法是先选中要应用格式的文本，然后用吸管工具单击要复制格式的文本，被选中的文字就会应用吸取到的格式，如图3-24所示。

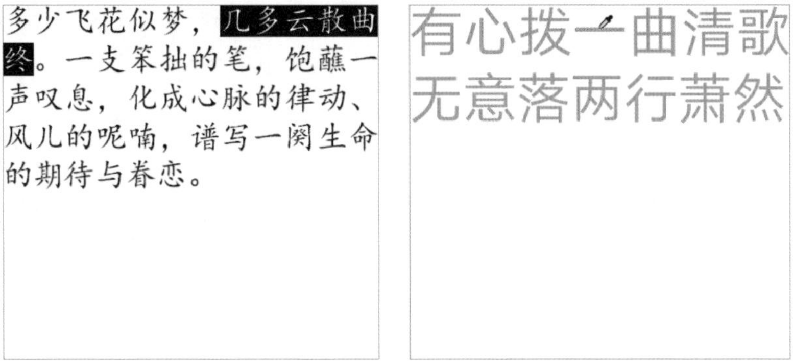

图3-24

双击【工具】面板中的【吸管工具】会弹出【习惯选项】对话框，在这个对话框中可以定义吸管工具可以吸取哪些格式，如图3-25所示。

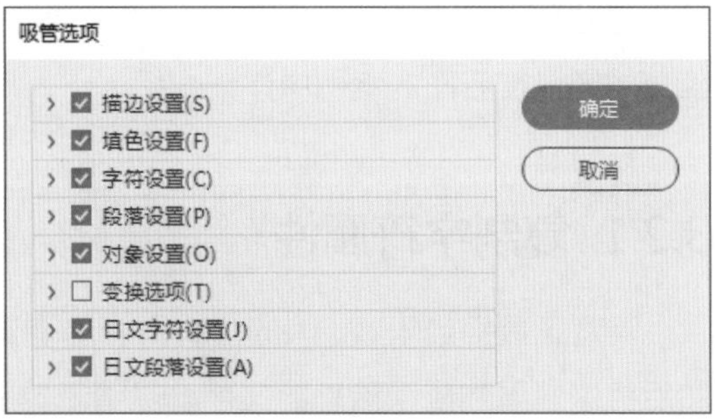

图3-25

3.2.2 插入特殊字形

想在作品中插入表情、图标等标志时该怎么办？不管是绘制形状还是置入矢量图像，都没有直接插入字形方便。先让一个文本框架处于文字编辑状态，然后执行【窗口】|【文字和表】|【字形】命令，在【字形】面板的右下角选择字体，双击一个图案就可以文本框架的光标位置插入字形，如图3-26所示。

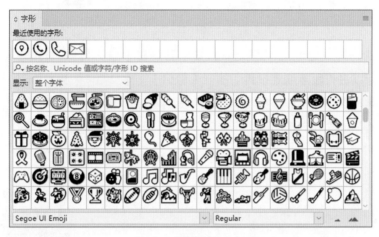

图3-26

插入字形的操作非常简单，但是我们需要的符号和图案从何而来呢？只要在网络上搜索【图案字体】，就能找到大量的符号和图案字体，如图3-27所示。下载安装字体就能在InDesign中通过【字形】面板使用了，和Photoshop的自定义形状一样方便。

图3-27

3.2.3 编排段落格式

段落格式包括段落的对齐方式、缩进方式、段落间距与行距、段落边框与底纹、项目符号和编号等，如图3-28所示。

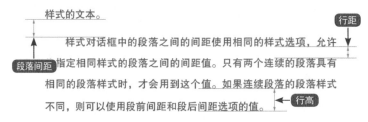

图3-28

和字符格式一样，选取文本框架中的文字后，在【控制】面板中就可以进行段落格式设置。执行【窗口】|【文字和表】|【字符】命令，在【段落】面板中提供了更加丰富的参数和选项，如图3-29所示。

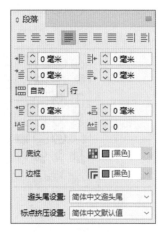

图3-29

3.2.4　项目符号和编号

项目符号和编号就是添加在段落开始处的符号或序号，合理使用项目符号和项目编号可以使文档的层次结构更清晰、更有条理。

❑ 添加项目符号

在文本编辑模式下将插入点移动到需要添加项目符号的段落上，单击【控制】面板最右侧的≡按钮，在弹出的菜单中选择【项目符号和编号】命令打开对话框。先在【列表类型】下拉列表中选择"项目符号"，然后设置符号使用的字符和项目符号的位置，如图3-30所示。

图3-30

提　示

如果项目符号字符列表中没有需要的字符，可以单击【添加】按钮，在打开的对话框中选择新的项目符号字符，如图3-31所示。

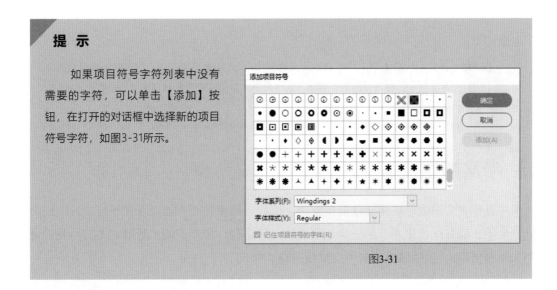

图3-31

❑ 添加项目编号

添加项目编号的方法和项目符号类似。打开【项目符号和编号】对话框，在【列表类型】下拉列表中选择"编号"，然后根据需要设置编号的格式和位置，如图3-32所示。

有些文章需要使用【第1章；1.1；1.1.1】这样的多级编号。【第1章】这样的一级编号只需在【编号】文本框中输入【第^#章^t】就可以实现。

图3-32

【1.1】这样的二级编号的需要将【级别】设置为2，单击【编号】右侧的 ▶ 按钮，在弹出的菜单中选择【插入编号占位符】|【级别1】，最后调整【.】的位置，如图3-33所示。

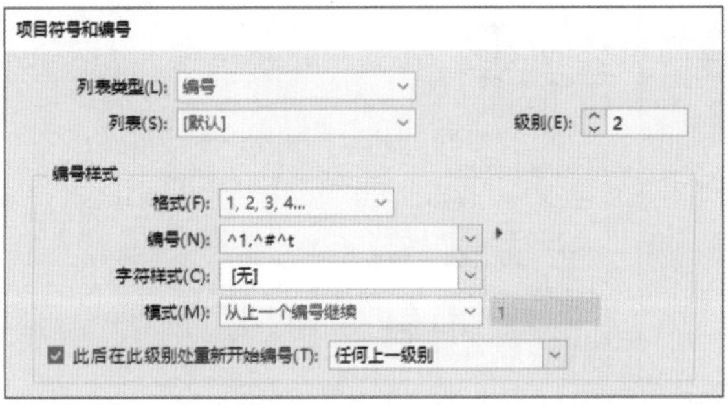

图3-33

技 巧

在【编号】文本框中【^#】代表自动更新的序号，【^t】代表制表符，也就是编号后面的空格。【^1】代表级别一的编号占位符。掌握了这个规律，三级编号只需将【级别】设置为3，然后在【编号】文本框中输入【^1.^2.^#^t】。

3.3 中文排版规则

用户进行中文排版时需要注意很多规则。比如，标点符号不能出现在一行之首；成对标点前一半不出现在一行之末，后一半不出现在一行之首；单字不能成行等。本节中我们就来学习如何在InDesign中解决这些中文排版问题。

3.3.1 设置首行缩进

段落首行缩进主要是为了读者阅读方便。西方文字有句首大写的习惯，因此，即使行首顶格也很容易分辨是新起一段，而中文却不能如此表现。另外，中文印刷中的行间距和段间距距离相同，为了段落之间的区分更加明显，所以采用首行缩进的方式。

在【段落】面板中提供了【左缩进】和【右缩进】参数，如图3-34所示。问题是，每个段落的字号不一定相同，而且字号的单位是点，缩进的单位是毫米，很难通过缩进参数让所有段落严格缩进2个字符。

正确设置首行缩进的方法是在【段落】面板的【标点挤压设置】下拉列表中选择【基本】，在弹出的对话框中单击【新建】按钮创建标点挤压集。单击【段落首行缩进】右侧的【无】，在弹出的列表中选择【2个字符】，如图3-35所示。

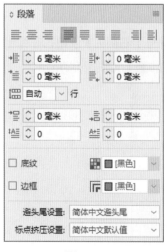

图3-34

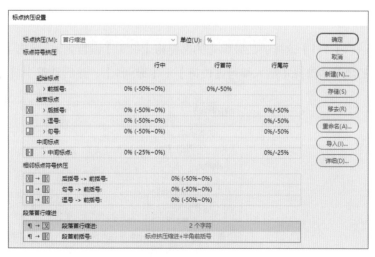

图3-35

将插入点调整到要应用首行缩进的段落上，在【段落】面板的【标点挤压设置】下拉菜单中选择刚刚设置好的标点挤压集，段落首行就能精确地缩进2个字符，如图3-36所示。

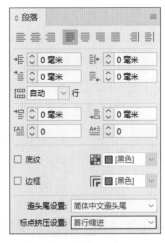

图3-36

3.3.2　避头尾设置

中文排版对标点有很多规定，比如，句号、逗号、顿号、分号、冒号、问号、叹号、连接号、间隔号不出现在一行之首。分隔号不出现在一行之首或一行之末。成对标点前一半不出现在一行之末，后一半不出现在一行之首。破折号、省略号不能中间断开，分处上行之末和下行之首。一旦在排版中遇到上述问题，就要利用避头尾设置解决。

在默认设置下，InDesign会自动为段落应用简体中文避头尾设置。如果默认设置无法满足要求，可以在【段落】面板的【避头尾设置】下拉列表中选择"设置"，在打开的对话框中单击【新建】按钮创建规则集，然后设置自定义的避头尾规则，如图3-37所示。

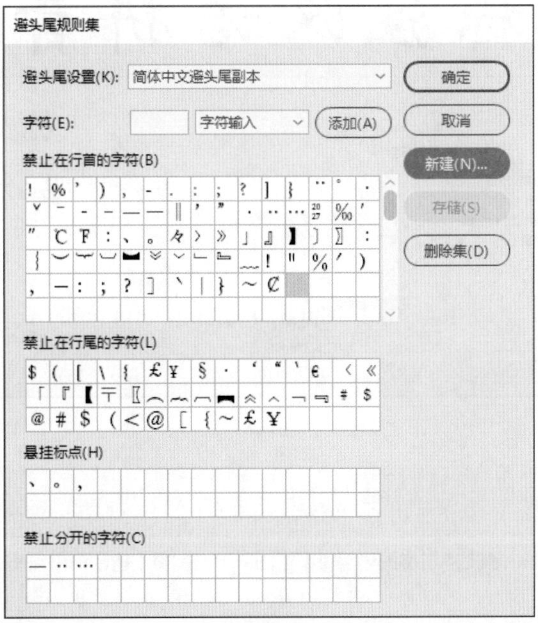

图3-37

单击【段落】面板右上角的☰按钮，在弹出的菜单中通过【避头尾悬挂类型】和【避头尾间断类型】中的子命令可以调整段落的字符间距，从而达到避头尾的目的，如图3-38所示。

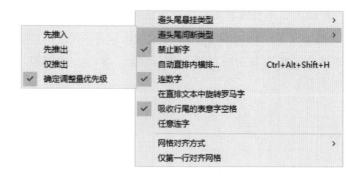

图3-38

3.3.3 标注拼音和着重号

中文排版还会涉及汉语拼音和着重号的问题，作为专业排版软件，InDesign自然会提供这方面的功能。

❑ 标注拼音

先在文本框架中选中需要标注拼音的文字，单击【控制】面板最右侧的☰按钮，在弹出的菜单中选择【拼音】|【拼音】命令。将输入法切换为英文输入模式，在【拼音】文本框中输入拼音，设置好拼音的字体、大小和颜色等参数后单击【确定】按钮即可，如图3-39所示。

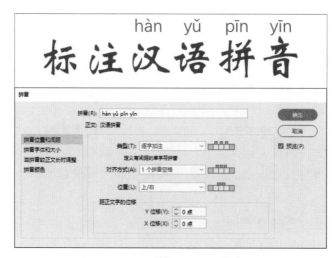

图3-39

> **技 巧**
>
> 为了更好地区分，建议字与字的拼音之间添加一个空格，并且将【对齐方式】设置为【1个拼音空格】。

❑ 标注着重号

标注着重号的方法和标注拼音类似，先在文本框架中选取需要标注着重号的文字，单击
【控制】面板最右侧的☰按钮，在弹出的菜单中选择【着重号】|【着重号】。勾选【预
览】复选框后在【字符】下拉列表中选择着重号的样式，设置好大小、颜色等参数后单击
【确定】按钮，如图3-40所示。

图3-40

> **提 示**
>
> 取消着重号的方法是，选中标有着重号的文本后打开【着重号】对话框，在【字符】下拉列表
> 中选择【无】。

3.4 分栏和绕排文本

报纸和杂志都需要设置分栏，因为这类出版物幅面大、字体小，阅读时视线必须不断地
重复从左到右的过程。分栏可以让行宽变小，头部不用转动就能让视线跟上文字，有利于提
高阅读速度。

绕排文本涉及图文混排的问题，排版时经常遇到图片和文本重叠的问题，为了防止文本
被图像遮挡，就要利用绕排文本功能让文字绕开图像。除此之外，我们还可以利用绕排文本
功能设计出各种各样的版式效果。

3.4.1 文本框架分栏

设置分栏的方法有两种，第一种方法是执行【版面】|【边距和分栏】命令，将整个页
面分成几栏，然后捕捉分栏参考线创建串接文本框架，如图3-41所示。

第二种方法是让文本框架分栏。选中一个文本框架后执行【对象】|【文本框架选项】命令，在打开的对话框中可以设置文本框架的栏数和内边距，如图3-42所示。

图3-41

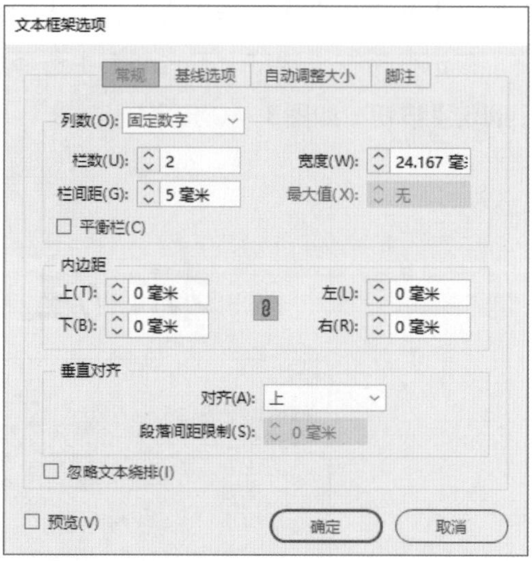
文本框架选项
常规
基线选项
自动调整大小
脚注
列数(O): 固定数字
栏数(U): 2
宽度(W): 24.167 毫
栏间距(G): 5 毫米
最大值(X): 无
平衡栏(C)
内边距
上(T): 0 毫米
左(L): 0 毫米
下(B): 0 毫米
右(R): 0 毫米
垂直对齐
对齐(A): 上
段落间距限制(S): 0 毫米
忽略文本绕排(I)
预览(V)
确定
取消

图3-42

技 巧

勾选【文本框架选项】对话框中的【平衡栏】复选框，可以让多栏文本框架底部的文本均匀分布。

3.4.2 文本绕排功能

如果图像图层位于文本框架图层的上方，那么图像就会遮挡住部分文字，如图3-43所示。

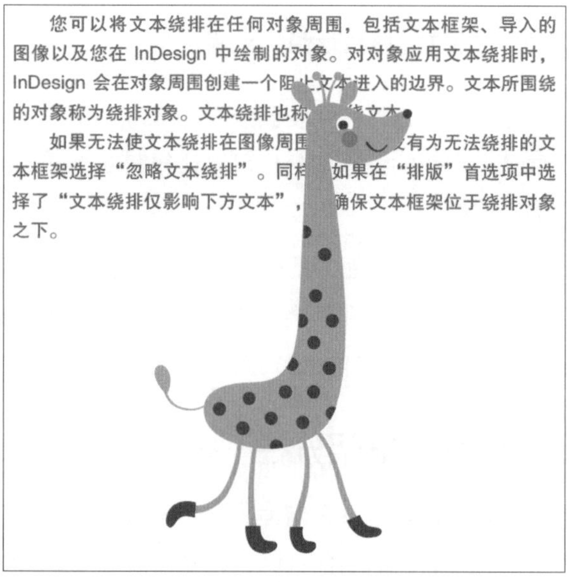
您可以将文本绕排在任何对象周围，包括文本框架、导入的
图像以及您在 InDesign 中绘制的对象。对对象应用文本绕排时，
InDesign 会在对象周围创建一个阻
进入的边界。文本所围绕
的对象称为绕排对象。文本绕排也称
如果无法使文本绕排在图像周围
有为无法绕排的文
本框架选择“忽略文本绕排”。同
如果在“排版”首选项中选
择了“文本绕排仅影响下方文本”，
确保文本框架位于绕排对象
之下。

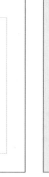

图3-43

选中图像后执行【窗口】|【文本绕排】命令，单击【文本绕排】面板中的快捷按钮就可以设置文本绕排的方式，面板中的【位移】参数用来控制图像与文字间的距离，如图3-44所示。

比如，我们单击【文本绕排】面板中的圖按钮，文本就会分布在图像边界框架的两侧，如图3-45所示。

图3-44

如果图像带有透明信息，那么单击圖按钮就能让创建与所选框架形状相同的文本绕排边界，如图3-46所示。

图3-45

图3-46

3.5 上机练习

请打开附赠素材中的【上机练习】|【上机练习03】|【台历.indd】文档，我们继续为这个台历文档添加文本。

1 在标尺上拖拽鼠标，在第一个页面上创建一条水平参考线和一条垂直参考线。在【控制】面板中设置水平参考线的【Y】参数为130毫米，【垂直】参考线的【X】参数为200毫米，如图3-47所示。

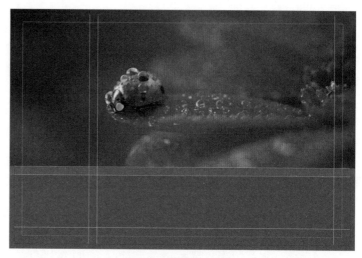

图3-47

2 按快捷键T激活【文字工具】，在第一个页面上拖动鼠标创建文本框架，然后在文本框架中输入文本。按Esc键激活【选择工具】，在【控制】面板中设置【W】为79毫米，【H】为49毫米，单击≡按钮垂直居中对齐后将文本框架与参考线的交点对齐，如图3-48所示。

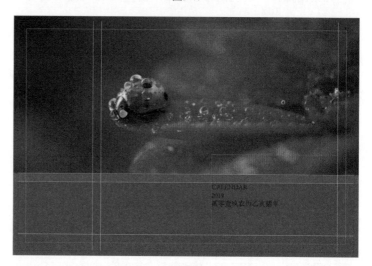

图3-48

3 双击文本框架进入到文本编辑模式，选中所有文本后单击【控制】面板上的≡按钮强制分散对齐，设置填色为【纸色】。选中第一段文字，设置字体为"汉仪旗黑"，字体样式为【40S】，【字体大小】为20点，【行距】为36点，【左缩进】为15毫米，如图3-49所示。

图3-49

4 选中第二段文字，设置字体为"Dessau Pro"，【字体大小】为60点，【左缩进】为15毫米。选中第三段文字，设置字体为"汉仪旗黑"，字体样式为【60S】，【字体大小】为12点，结果如图3-50所示。

图3-50

4 执行【文字】|【文章】命令，在打开的对话框中勾选【视觉边距对齐方式】复选框，让三个段落的文本在垂直方向对齐到一条直线上，如图3-51所示。

6 选中第三个段落的前四个文字，在【控制】面板中设置填色为【封面】。按L键激活【椭圆工具】，创建一个【W】和【H】均为6毫米的圆形，设置填色为【纸色】，描边为【无】。展开【图层】面板，将椭圆形图层拖动到文本框架图层的下方，如图3-52所示。

图3-51

图3-52

7 调整圆形的位置，让填色为封面的第一个文字显露出来。按Ctrl+Alt+U组合键打开【多重复制】对话框，设置【计数】为3，【垂直】为0毫米，【水平】为8.3毫米。这样台历的封面就全部设置完成了，结果如图3-53所示。

图3-53

8 切换到页面3，在【工具】面板中激活【直排文字工具】后在页面上创建一个文本框架，然后输入文本，如图3-54所示。

图3-54

9 选中所有文字后在【控制】面板中设置字体为"方正清刻本悦宋简体"，【字体大小】为9点，填色为【纸色】，然后单击**T**按钮添加下划线。单击【控制】面板最右侧的≡按钮，在弹出的菜单中执行【下划线选项】命令，在打开的对话框中设置【粗细】为0.3毫米，【位移】为5点，如图3-55所示。

图3-55

10 按L键激活【椭圆工具】，创建两个【W】和【H】均为8.5毫米的圆形，设置填色为【纸白】，描边为【无】。按T键激活【文字工具】后在椭圆形上单击鼠标输入文字，在【控制】面板中设置字体为"方正清刻本悦宋简体"，【字体大小】为16点，单击≡按钮水平居中对齐。按Esc键激活【选择工具】，在【控制】面板中单击≡按钮垂直居中对齐，结果如图3-56所示。按住Shift键选中两个圆形和文本框架，按Ctrl＋G组合键编组。

图3-56

11 按T键捕捉页边距创建一个【W】和【H】均为37毫米的文本框架并输入文本，选中所有文本，在【控制】面板中设置填色为【纸色】，然后单击▤按钮水平居中对齐。按Esc键激活【选择工具】，在【控制】面板中单击▤按钮垂直居中对齐，如图3-57所示。

图3-57

12 选中第一段文字，设置字体为"Dessau Pro"，【字体大小】和【行距】均为60点。选中第二段文字，单击▤按钮强制 分散对齐，然后设置字体为"汉仪旗黑"，字体样式为【40S】，【字体大小】为12点，【首行左缩进】和【末行右缩进】参数均为4毫米，如图3-58所示。

图3-58

13 选中页面3上的文本"01"后按Ctrl+C组合键复制。切换到页面4，按T键捕捉左上角的页边距，创建一个【W】为29毫米，【H】为33毫米的文本框架，然后按Ctrl+V组合键粘贴文本，修改文本的填色为【一月】，如图3-59所示。

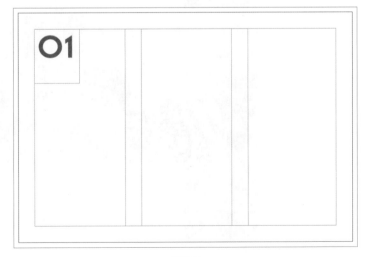

图3-59

14 捕捉文本框架和栏参考
线创建一个新的文本框架，
然后输入文本，设置字体为
"汉仪旗黑"，字体样式为
【60S】，【字体大小】为12
点，【行距】为22点，【字
符间距】为100，填色为【文
字】，如图3-60所示。

图3-60

15 其余页面的文本只需重复复制→粘贴→修改的步骤即可，如图3-61所示。读者可以参考附
赠素材中的【上机练习】｜【上机练习04】｜【台历.indd】文档自行练习。

图3-61

InDesign CC
排版设计全攻略（视频教学版）

第 4 章
创建表格和样式

作为一种组织、整理和展示数据的重要手段，

各种手册、报表和技术类书籍中经常要用到表格。

总体来说，

在InDesign中处理表格的感觉和Word差不多，

如果你会用Word制作表格，

那么很快就能上手。

本章中我们将学习创建和应用样式的方法。样式是一组格式设置的集合，在长文档中会有大量不连续、而格式相同的内容。编排文档时，我们可以先定义一个样式，遇到相同格式的内容后直接套用这个样式即可，这样就能免去大量的重复操作。作为InDesign的效率之源，除了比较常用的字符和段落样式以外，表格和形状也可以定义样式。

4.1 创建表格

InDesign只能制作普通表格，直方图、饼状图等图表可以用Excel制作，制作完成后以图片的形式粘贴到InDesign中。普通表格的基本组成和名称如图4-1所示。

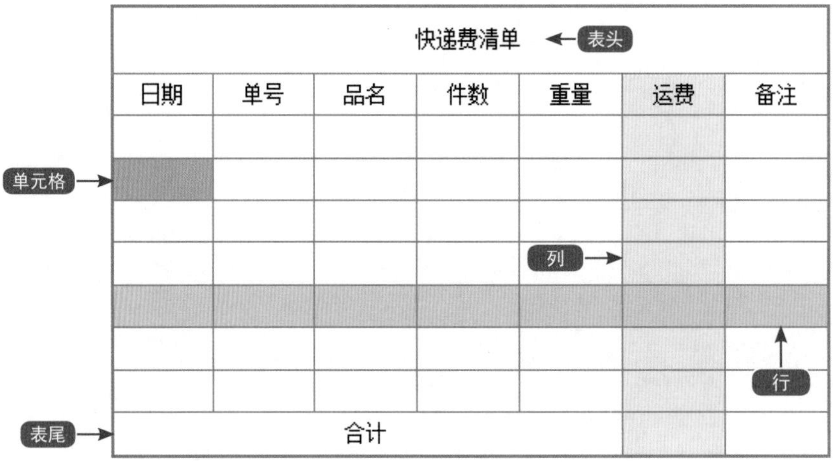

图4-1

4.1.1 创建新表格

行数和列数都比较少的简单表格可以直接在InDesign中创建。执行【表】|【创建表】命令打开【创建表】对话框，如图4-2所示。设置好表格的基本参数后单击【确定】按钮，在页面上按住鼠标拖动即可生成表格。

图4-2

提 示

　　如果你想让表格和文章内容成为一个整体，只需将文本框架切换为文本编辑模式，然后执行【表】｜【插入表】命令，在【创建表】对话框中单击【确定】按钮，就会在文本插入点的位置生成表格，如图4-3所示。

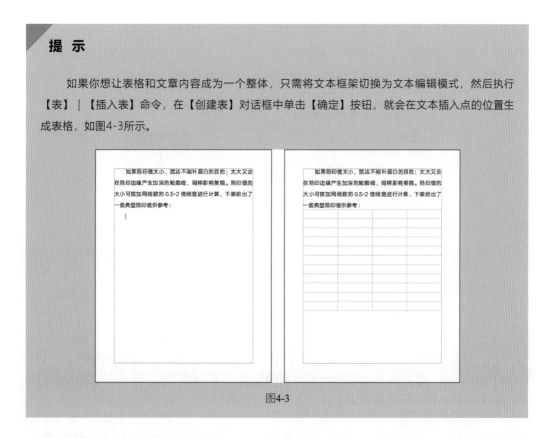

图4-3

4.1.2　置入Excel表格

　　InDesign毕竟不是专业的表格处理软件，遇到复杂的长表最好使用效率更高的Excel制作，制作完成后再置入InDesign。置入Excel表格的方法是执行【文件】｜【置入】命令，在打开的【置入】对话框中取消【应用网格格式】复选框的勾选，然后勾选【显示导入选项】复选框，如图4-4所示。

图4-4

双击要导入的Excel文件打开【Microsoft Excel导入选项】对话框，在【表】下拉列表中选择【有格式的表】，可以同时导入表格和数据；选择【无格式的表】可以只导入数据，如图4-5所示。单击【确定】按钮后在页面按住鼠标拖动完成置入操作。

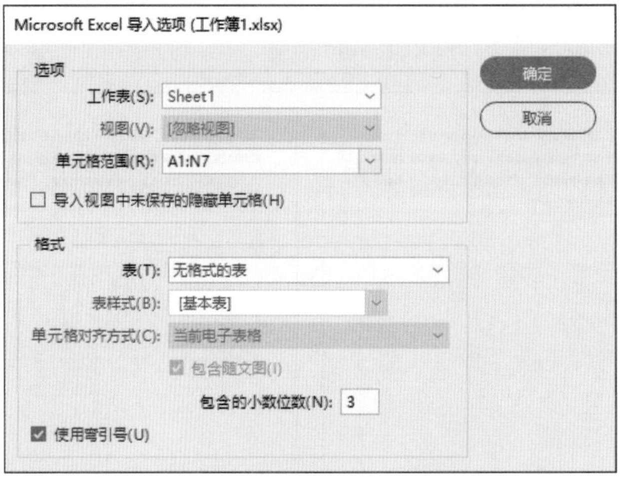

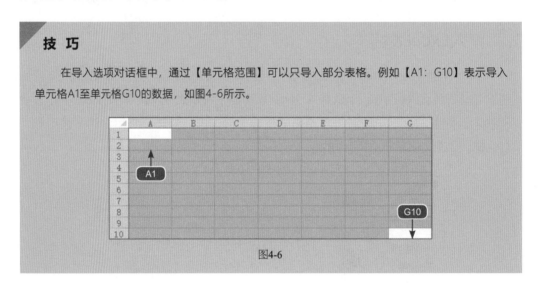

图4-5

我们也可以将一个文本框架切换为文本编辑模式，然后执行【文件】|【置入】命令，这样就能在现有的文本框架中置入表格。

技 巧

在导入选项对话框中，通过【单元格范围】可以只导入部分表格。例如【A1: G10】表示导入单元格A1至单元格G10的数据，如图4-6所示。

图4-6

4.1.3 表格与文本互换

上一章的内容中提到过，编排图书时最好以纯文本的方式置入Word文档，如果Word文档中包含表格，置入到InDesign后就会变成图4-7所示的效果。选中这些文本，执行【表】|【将文本转换为表】命令，在弹出的对话框中单击【确定】按钮，就可以自动生成表格。

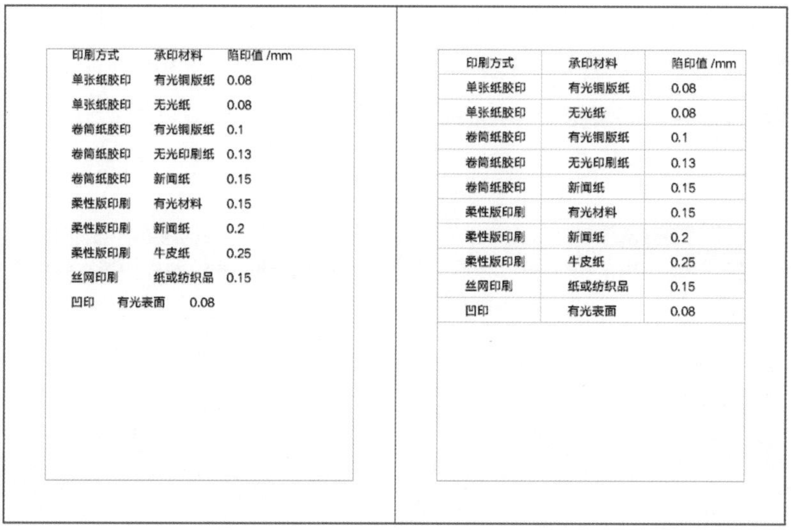

图4-7

> **提 示**
>
> 　　按Tab键可以在文字之间插入制表符，我们也可以用逗号作为列分隔符。当然，这种完全手动输入文本，然后转换为表的工作效率很低，只适合创建比较简单表格。

同样，选取表格中所有的文本，执行【表】｜【将表转换为文本】命令，在弹出的对话框中单击【确定】按钮，又可以将表格恢复成文本。

4.1.4　添加表头和表尾

表头就是表格的开头部分，一般指第一行对每一列数据的描述。如果一个长表格需要跨越多个分栏或页面，表头和表尾功能可以在每个拆开部分的顶部或底部重复信息，对不跨栏或页面的表格没有意义。

创建表格时，可以在【创建表】对话框中设置表头行和表尾行的行数，如图4-8所示。

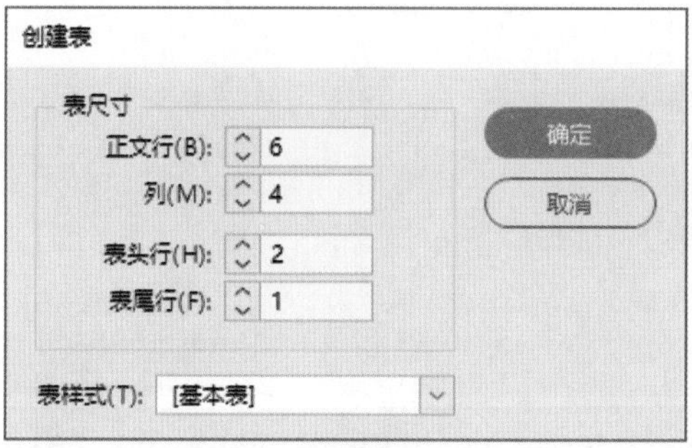

图4-8

对于转换和置入的表格，需要选中表头行的所有单元格，然后执行【表】|【转换行】|【到表头】命令。单击文本框架的溢出文本标志，按住Shift键在空白位置单击鼠标就可以串接自动添加表头的表格了，如图4-9所示。

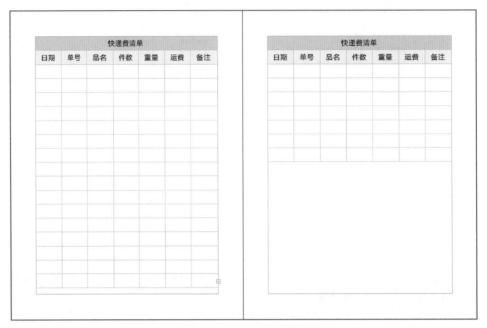

图4-9

技 巧

在表格编辑模式下执行【表】|【表选项】【表头和表尾】命令，在打开的对话框中可以设置表头信息在每个文本框架显示一次，还是在每个页面显示一次，如图4-10所示。

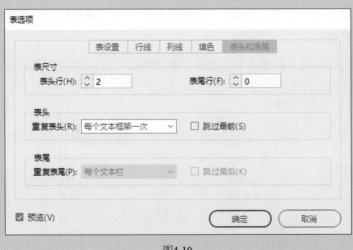

图4-10

4.2　编辑单元格

　　表格是由若干单元格构成的，修改单元格的样式，表格的样式也就随之改变。知道如何创建表格后，接下来就要学习选择和编辑单元格的方法。

4.2.1　选择单元格

　　激活【工具】面板中的 **T** 按钮后单击表格，或者使用 ▶ 工具双击表格都可以进入到表格编辑模式。按Ctrl＋/或Esc键可以选中文本插入点所处的单元格；按住Shift键的同时按下方向键，可以选中相邻的单元格，如图4-11所示。选中多个单元格的方法是按住鼠标拖动。

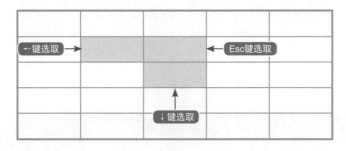

图4-11

　　将光标移动到表格左侧边框的位置，当光标显示为➡时单击可以选中一整行；将光标移动到表格的上边框，光标显示为⬇时单击可以选中整列；将光标移动到表格的左上角，光标显示为↘时单击可以选中整个表格，如图4-12所示。

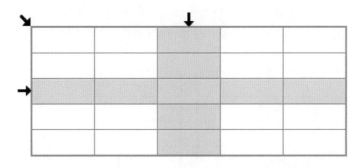

图4-12

提　示

　　选中整行的快捷键是Ctrl＋3；选中整列的快捷键是Ctrl＋Alt＋3；按Ctrl＋Alt＋A快捷键可以选中整个表格。

4.2.2 编辑单元格

执行【表】|【插入】|【行】命令，通过弹出的对话框可以插入指定数量的行。对话框中的【上】和【下】是以文本插入点的位置作为参照，如图4-13所示。同样，执行【表】|【插入】|【列】命令，在弹出的对话框中可以设置插入多少列的单元格。

图4-13

技 巧

按下Tab键可以将文本插入点切换到下一个单元格，如果文本插入点处于表格的最后一个单元格，按下Tab键后就会插入一个新行。

执行【表】|【删除】|【行】或【列】命令，可以将文本插入点所处的行或列删除。

提 示

按Ctrl + Backspce组合键可以删除行；按Shift + Backspce组合键可以删除列。选中几个单元格后，以利用【控制】面板上的控件可以统一控制表格的行数和列数，如图4-14所示。

图4-14

单击【控制】面板上的 按钮就能将选中的多个单元格合并成一个，如图4-15所示。合并单元格的另一种方法是单击鼠标右键，在弹出的快捷菜单中选择【合并单元格】命令。

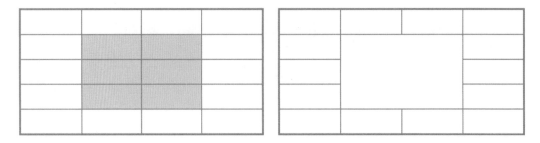

图4-15

执行【表】|【水平拆分单元格】命令，可以将插入点所处的单元格拆分为两行；执行【表】|【垂直拆分单元格】命令，可以将插入点所处的单元格拆分为两列，如图4-16所示。

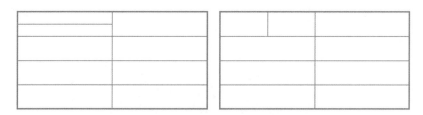

图4-16

将光标移动到单元格的边线位置，当光标显示为↔时按住鼠标左右拖动可以增加或减小列宽；光标显示为↕时按住鼠标上下拖动可以增加或减小行高，如图4-17所示。

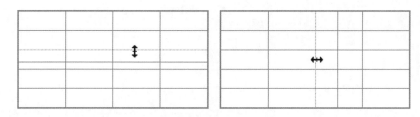

图4-17

执行【表】|【均匀分布行】命令，可以将选中的行设置为相同的高度；执行【表】|【均匀分布列】命令，可以将选中的列设置为相同的宽度。

技　巧

拖动鼠标修改行高或列宽时按住Shift键，可以不改变表格的大小。

如果想精确地控制单元格的行高和列宽，只需选中要调整的行和列，利用【控制】面板上的控件设置尺寸，如图4-18所示。

图4-18

4.2.3　对齐单元格文本

在表格中输入文字后就会涉及文字与表格对齐的问题。在默认设置下，表格中的文字在水平方向为左对齐，在垂直方向为上对齐。选中表格中的文字，利用【控制】面板中的控件就可以设置文字的对齐方式，如图4-19所示。

图4-19

对了对齐方向以外，利用【控制】面板中的控件，还可以控制文字与单元格四个边框之间的距离，如图4-20所示。

图4-20

提 示

如果设置了固定行高，并且添加的文本或图形对于单元格而言太大，则单元格的右下角将显示一个小红点，表示该单元格出现溢流。我们不能将溢流文本排列到另一个单元格中，只能通过调整文字或单元格大小的方法解决。

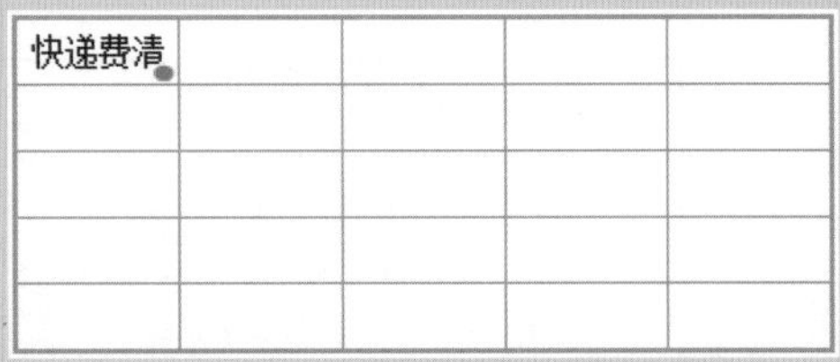

图4-21

4.3 表格外观设置

表格的外观设置包括表框和单元格的描边色、填充色和线条粗细，这些属性主要影响表格的外观美感。

4.3.1 设置描边和填色

在默认设置下，选中表格的所有单元格后，通过【控制】面板上的【填色】色板可以为所有单元格充填相同的底色；通过【描边】色板和【粗细】参数可以设置表格边框的颜色和粗细，如图4-22所示。

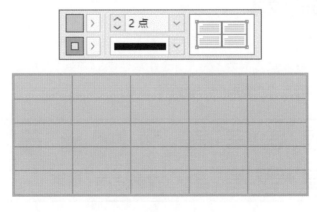

图4-22

　　描边选择区是一个田字形的显示，分别代表外部边框和内部边框，【描边】色板和【粗
细】参数只作用于描边选择区中的蓝色线条边框。单击描边选择区中的蓝色线条，线条变成
灰色显示，表示取消边框的选择；单击描边选择区中的灰色线条，线条变成蓝色显示，表示
边框被选中，可以应用【描边】色板和【粗细】参数，如图4-24所示。

　　我们也可以执行【表】|【单元格选项】|【描边和填色】命令，在打开的对话框中提
供了更全面的参数和选项，如图4-25所示。

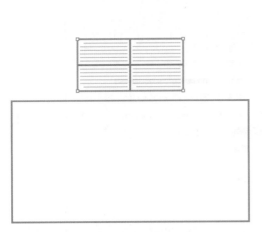

图4-24

图4-25

4.3.2 交替描边和填色

交替描边和填色功能可以让表格更美观，也更易于阅读，如图4-26所示。

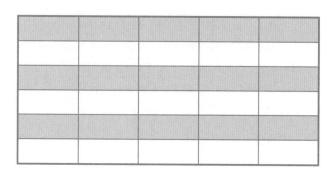

图4-26

在表格编辑模式下执行【表】|【表选项】|【交替行线】命令，在打开的对话框中，通过【交替模式】下拉列表选择间隔几行交替一次行线的颜色。在【交替】选项组中分别设置两种行线的颜色和粗细，设置完成后单击【确定】按钮应用，如图4-27所示。

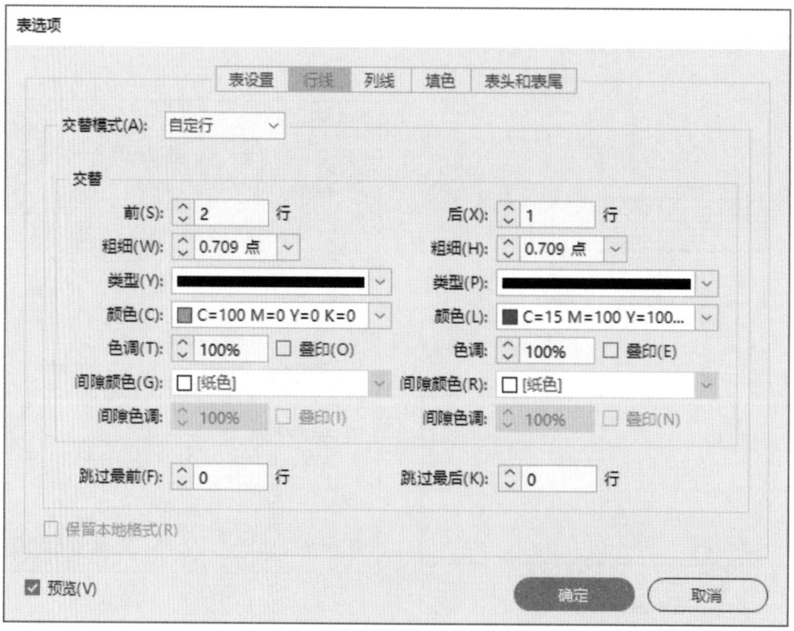

图4-27

单击【表选项】对话框中的【填色】选项卡，在这里可以让单元格交替填充两种不同的颜色，如图4-28所示。

提　示

　　【跳过最前】和【跳过最后】参数可以让表格的开始和结束位置不应用填色设置，主要用于设置了表头和表尾的表格。

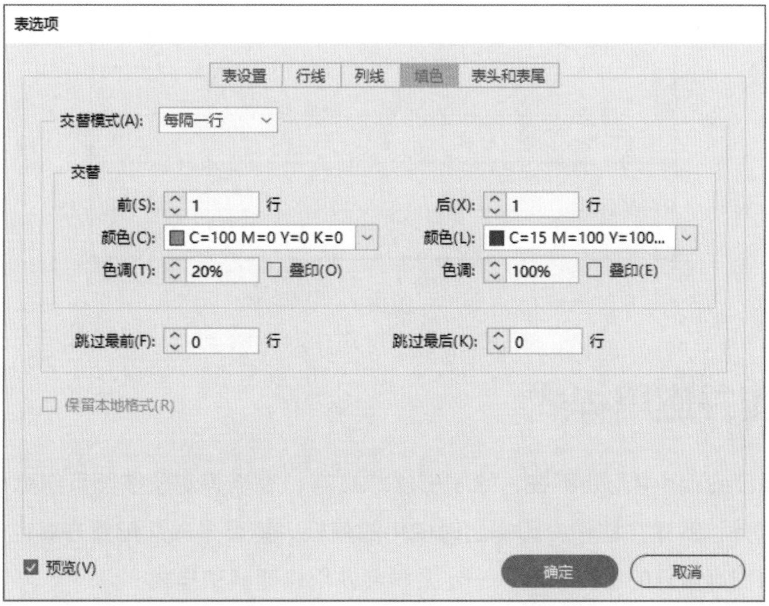

图4-28

4.3.3　添加表头对角线

很多表格需要使用斜线表头区分项目，选中需要添加对角线的单元格，执行【表】｜
【单元格选项】｜【对角线】命令，在打开的对话框中先选择对角线的形式，然后设置对角
线的颜色和粗细，单击【确定】按钮即可生成对角线，如图4-29所示。

图4-29

添加对角线的方法非常简单，但是在对角线单元格内输入文字就比较麻烦了。常规的方
法是创建两个文本框，将文本框与单元格对齐后输入文字，如图4-30所示。

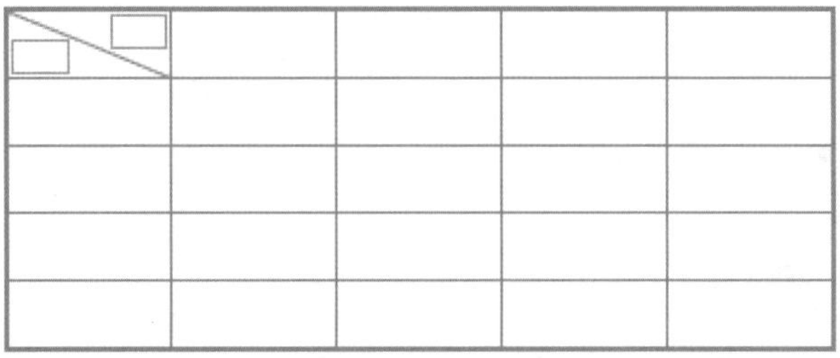

图4-30

4.4　创建并应用样式

　　样式在InDesign中无处不在，除了形状、文字、表格等对象按照系统默认的样式显示外观和格式以外，新建文档和打印输出时使用的模板，甚至是界面配置方案也属于样式的范畴。如果你想提高自己的编排效率，一定要学会使用快捷键和样式。

4.4.1　设置表格样式

　　如果你用Excel或Word制作过表格，那么一定不会对表格样式感到陌生，如图4-31所示。表格样式就是一组表格外观设置的参数集合，选择一个样式，就能让当前编辑的表格套用这组外观设置。

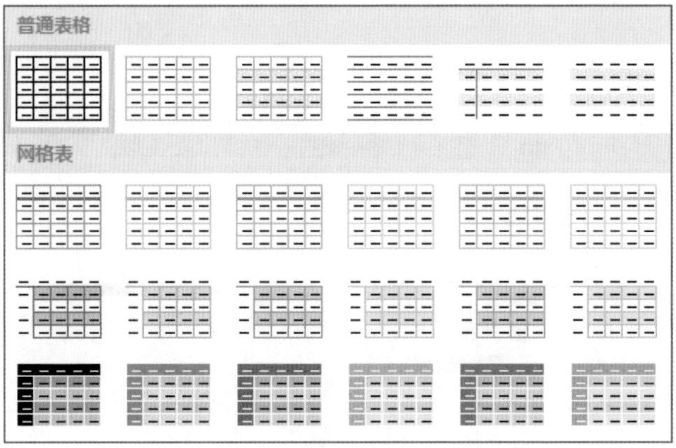

图4-31

　　执行【窗口】|【样式】|【表样式】命令打开【表样式】面板，单击面板下方的按钮就可以创建一个新样式，如图4-32所示。

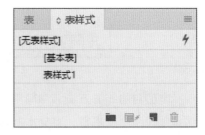

图4-32

双击新建的样式，在打开的对话框中设置表格的行线、列线和填色等参数，设置完成后单击【确定】按钮，如图4-33所示。

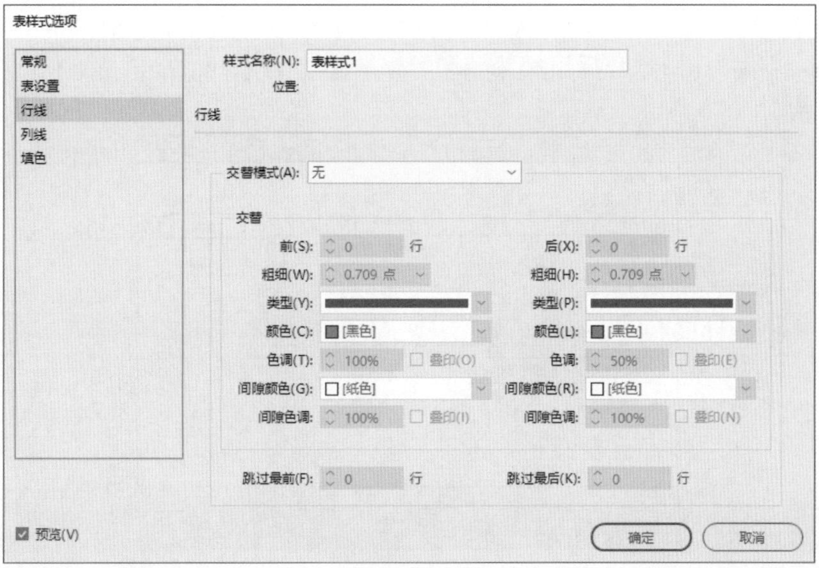

图4-33

技 巧

由于看不到实际效果，所以实际工作中一般不会直接创建样式。更好的方法是先在页面上创建表格，然后根据需要设置表格的外观。选中设置好的表格，单击【表样式】面板中的按钮，系统就会按照这个表格的设置创建新的样式。

创建好表格样式后如何应用呢？如果是新建表格的话，只要在【创建表】对话框的【表样式】下拉列表中选择新建的样式名称即可，如图4-34所示。

对于已经创建好的表格，在表格编辑模式下单击【表样式】面板中的样式名称就可以套用样式了，如图4-35所示。

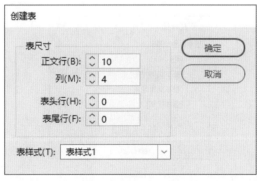

图4-34

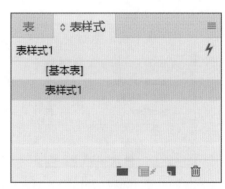

图4-35

提 示

　　表格样式只能保存在当前的文档中，如果你想应用另一个的文档里的表格样式，可以单击【表样式】面板右上角的≡按钮，在弹出的菜单中选择【载入表样式】。在打开的对话框中双击要载入样式的InDesign文档打开【载入样式】对话框，勾选要载入的样式名称后单击【确定】按钮，如图4-36所示。

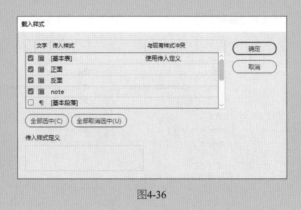

图4-36

4.4.2　创建对象样式

　　这里所说的对象样式指的是狭义的图形框架、文本框架和框架网格样式，执行【窗口】|【样式】|【对象样式】命令打开【对象样式】面板，我们可以看见系统默认的三种基本样式，如图4-37所示。

　　这里就以图形框架样式为例。有时我们需要创建尺寸精确的形状，但是默认创建的形状有描边，将描边设置为【无】后，形状的尺寸就会变小，还要在【控制】面板中重新调整大小。利用形状和占位符划分版面的结构布局时，经常会遇到这种情况，这时就需要创建一个没有描边的形状样式。

　　在【对象样式】面板中选中【基本图形框架】，单击▣按钮就可以在默认的图形框架样式的基础上创建一个新的样式，如图4-38所示。

图4-37

图4-38

双击新建的样式打开【对象样式选项】对话框，单击左侧的【描边】选项，然后将描边设置为【无】，如图4-39所示。我们还可以单击【填色】选项，为形状指定用来区分页面的占位符颜色，设置完成后单击【确定】按钮。

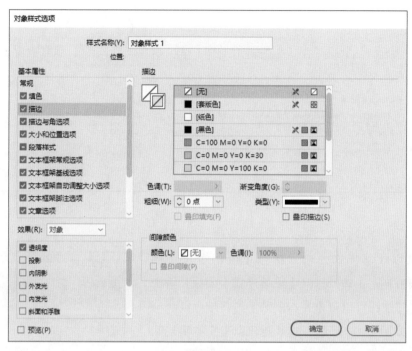

图4-39

只要在【对象样式】面板确认新建的样式为选中状态，那么创建的形状都会应用这个样式，如图4-40所示。

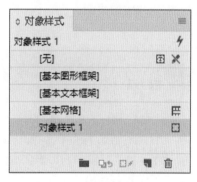

图4-40

4.4.3 字符与段落样式

除了快速套用格式以外，样式还可以批量修改格式。比如，编排图书时我们可以让所有的二级标题都使用相同的样式，需要调整二级标题的字号或颜色时，只需重新编辑一下样式，所有的二级标题就会立即更新，不必担心格式不统一和遗漏。

字符样式和段落样式的设置方法完全相同，唯一的区别是段落样式更复杂一些，除了字符格式以外，还包括段落间距、段落底纹、首字下沉等段落格式，如图4-41所示。

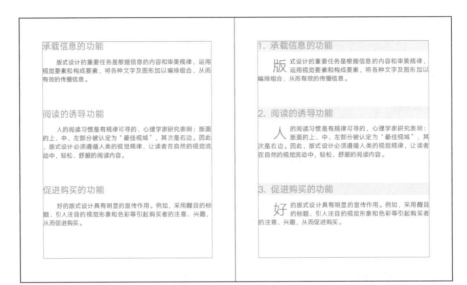

字符样式   段落样式

图4-41

这里就以段落样式为例。执行【窗口】|【样式】|【段落样式】命令打开【段落样式】面板，单击面板下方的 按钮可以在【基本段落】的基础上创建一个新样式，如图4-42所示。如果要在现有文本格式的基础上创建新样式，可以将插入点放在段落中的任意位置，然后单击 按钮。

图4-42

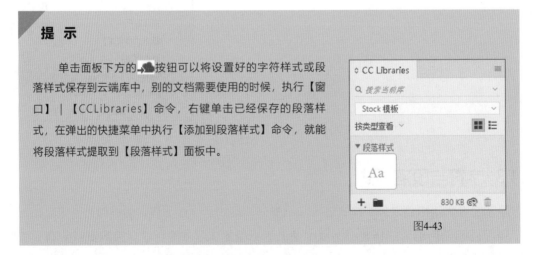

提　示

单击面板下方的 按钮可以将设置好的字符样式或段落样式保存到云端库中，别的文档需要使用的时候，执行【窗口】|【CCLibraries】命令，右键单击已经保存的段落样式，在弹出的快捷菜单中执行【添加到段落样式】命令，就能将段落样式提取到【段落样式】面板中。

图4-43

双击创建的样式，在打开的对话框中根据需要设置参数选项后单击【确定】按钮，如图4-44所示。将插入点放在另一个段落上，单击【表样式】面板中的样式名称就能套用样式。

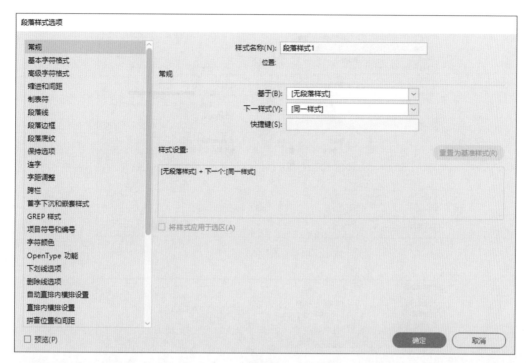

图4-44

4.5　上机练习

　　打开附赠素材中的【案例】|【上机练习04】|【台历.indd】文档。学习了本章的内容后，我们终于可以利用表格完成台历的制作了。

1　我们创建一个没有边框的表格样式。执行【窗口】|
【样式】|【表样式】命令，在【表样式】面板中单击 按钮新建样式，如图4-45所示。

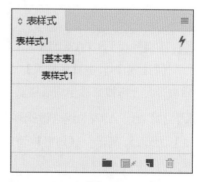

图4-45

2　双击新建的样式打开【表样式选项】对话框，将样式名称修改为"正面"。单击【表设置】选项，在【颜色】下拉列表中选择【无】，如图4-46所示。

3　单击【行线】选项，在【交替模式】下拉列表中选择【每隔一行】，在两个【颜色】下拉列表中均选择【无】。单击【列线】选项，同时在【交替模式】下拉列表中选择【每隔一行】，在两个【颜色】下拉列表中均选择【无】。单击【确定】按钮完成设置，如图4-47所示。

图4-46

图4-47

4 切换到页面3，按Ctrl＋Alt＋Shift＋T组合键打开【创建表】对话框，设置【正文行】为7，【列】为14，在【表样式】下拉列表中选择【正面】，如图4-48所示。单击【确定】按钮后在页面上拖拽鼠标生成表格。

5 按Ctrl＋Alt＋A组合键选中所有单元格，按Shift＋F9组合键打开【表】面板，设置【行高】为5.25毫米，【列宽】为10.9毫米，然后单击【排版方向】右侧的 按钮，如图4-49所示。

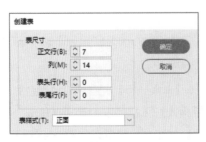

图4-48

图4-49

6 按Esc键激活【选择工具】，单击【控制】面板中的 按钮让框架适配表格大小，然后将表格与参考线对齐，如图4-50所示。

图4-50

7 展开【色板】面板，新建一个色板后将其命名为"背景"，修改颜色值为CMYK＝0、0、0、20。按L键激活【椭圆工具】，创建一个【W】和【H】均为5毫米的圆形，在【控制】面板中将填充色设置为新建的色板，然后将圆形调整到如图4-51所示的位置。展开【图层】面板，将圆形图层拖动到表格图层的下方。

图4-51

8 选中圆形后按Ctrl＋Alt＋U组合键打开【多重复制】对话框，设置【计数】为13，【垂直】参数为0毫米，【水平】参数为10.9毫米，单击【确定】按钮完成设置。选取图4-52所示的四个圆形，在【控制】面板中设置填色为【一月】。

图4-52

9 表格创建好了，日期从何而来呢？其实只要在网络上搜索一下，就能下载到Excel格式的万年历，但是下载的万年历表格不能直接使用，我们还要按照案例的表格行数和列数对Excel表格进行一些调整。附赠素材中提供了调整好的表格，打开附赠素材中的【案例】｜【上机练习04】｜【台历正面.xlsx】文件，框选一月份的日期后按Ctrl＋C组合键复制，如图4-53所示。

图4-53

10 返回到InDesign，双击表格进入编辑模式，先按Ctrl＋Alt＋A组合键选择全部单元格，然后按Ctrl＋V组合键粘贴文字。单击【控制】面板中的三按钮居中对齐文字，结果如图4-54所示。

11 将光标移动到表格左侧边框的位置，光标显示为➡时单击选中第一行的所有单元格，然后单击【工具】面板下方的**T**按钮，如图4-55所示。

图4-54

图4-55

12 在【控制】面板中设置字体为"汉仪旗黑"，字体样式为【60S】，【字体大小】为6点，填色为【纸色】，结果如图4-56所示。

图4-56

13 选中第二行的单元格，设置字体为"汉仪旗黑"，字体样式为【60S】，【字体大小】为11点，填色为【文字】，然后单击下对齐按钮。按F11键打开【段落样式】面板，单击 按钮以选中的文字为基础创建样式，双击新建的段落样式，将其命名为【公历正面】，如图4-57所示。

14 全选第四行的文字，单击【段落样式】面板中的【公历正面】套用样式。再次全选第六行的单元格，套用【公历正面】样式。全选第三行的单元格，在【控制】面板中单击上对齐按钮，设置字体为"汉仪旗黑"，字体样式为【40S】，【字体大小】为5点，填色为【文字】，结果如图4-58所示。

图4-57

图4-58

15 在【段落样式】面板中单击□按钮，以选中的文字为基础创建样式，然后为第五行和第七行的单元格套用新建的段落样式。选取第一行以外的所有单元格，在【控制】面板中设置【基线偏移】为−8，如图4-59所示。

图4-59

16 复制编辑完成的表格，将表格粘贴到页面5上。在Excel表格中复制2月份的日期，全选表格中的所有文字后按Ctrl＋V组合键粘贴即可，如图4-60所示。

图4-60

17 执行【窗口】｜【样式】｜【表样式】命令，在【表样式】面板中选取【正面】样式后单击□按钮创建样式。双击新建的样式打开设置窗口，设置样式名称为【反面】。单击【表设置】选项，在【颜色】下拉列表中选择【背景】。单击【行线】选项，在第一个【颜色】下拉列表中选择【背景】，如图4-61所示。单击【列线】选项，在两个【颜色】下拉列表中均选择【背景】，最后单击【确定】按钮完成设置。

图4-61

18 切换到页面4，按Ctrl＋Alt＋Shift＋T组合键打开【创建表】对话框，设置【正文行】为11，【列】为7，在【表样式】下拉列表中选择【反面】，如图4-62所示。单击【确定】按钮后在页面上拖动鼠标生成表格。

19 全选所有单元格后按Shift＋F9组合键打开【表】面板，设置【行高】为10.88毫米，【列宽】为17.58 毫米，单击【排版方向】右侧的▦按钮，如图4-63所示。按Esc键激活【选择工具】，单击【控制】面板中的▣按钮让框架适配表格大小，然后将表格与页边距对齐。

图4-62　　　　　　　　　　　　　　　　　　图4-63

20 选中第一行的单元格，在【控制】面板中设置填色为【一月】，在描边选择区选择内部的边框，设置【粗细】为0点，如图4-64所示。

图4-64

21 打开附赠素材中的【案例】｜【上机练习】｜【台历背面.xlsx】文件，将一月份的日期粘贴到表格中，然后按照台历正面的方法设置日期的格式，结果如图4-65所示。

图4-65

22 在【表样式】面板中单击🗔按钮创建样式。双击新建的样式，设置样式名称为【note】。单击【表设置】选项，在【颜色】下拉列表中选择【无】。单击【行线】选项，在【交替模式】下拉列表中选择【每隔一行】，在两个【颜色】下拉列表中均选择【背景】，如图4-66所示。

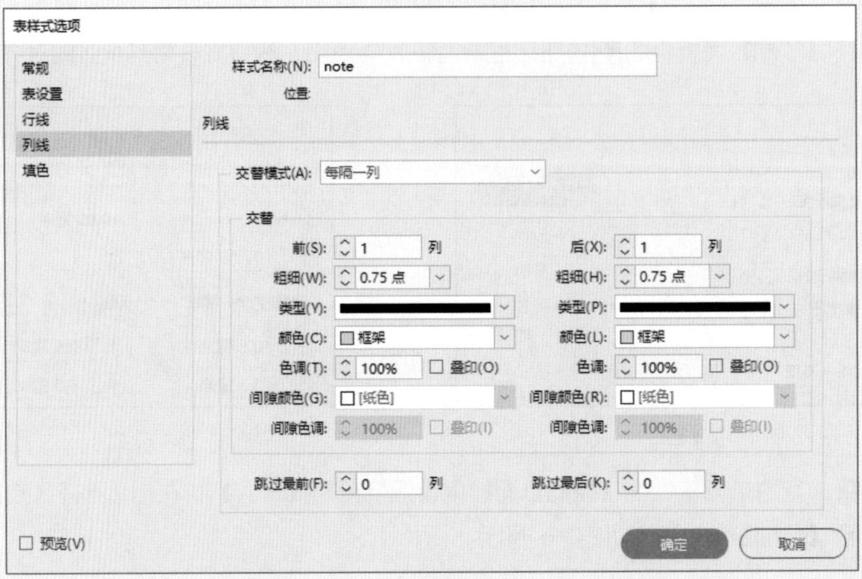

图4-66

23 按Ctrl+Alt+Shift+T组合键打开【创建表】对话框，设置【正文行】为7，【列】为1，在【表样式】下拉列表中选择【note】，单击【确定】按钮后在页面上捕捉页边距和栏参考线创建表格，如图4-67所示。

图4-67

24 选中表格的所有单元格，在描边选择区选择下方的边框，设置描边为【框架】，【粗细】为0.75点，如图4-68所示。

图4-68

25 在网格的第一行中输入"NOTE："，设置字体为"汉仪旗黑"，字体样式为【60S】，【字体大小】为12点，填色为【背景】，结果如图4-69所示。台历正反面的表格都设置完成了，剩下的事情就是简单的复制、粘贴和修改，直到所有页面编排完毕为止。

图4-69

第 5 章
编排长文档

长文档指的是总页数超过百页的长篇文章，

长文档的特点是纲目结构复杂、内容多且有图有表、格式

要求统一规范，

编排起来有一定的难度。

在本章中，

我们不但要学习利用InDesign编排长文档的流程和方法，

还要掌握与长文档编排密切相关的章节编号、生成目录、

添加页脚页眉等功能。

5.1 书籍的编排流程

书籍是最有代表性的长文档，这里就以书籍为例，大致介绍一下编排人员的职责和图书的编排流程。图书作者将稿件提交给出版社后，责任编辑先要审读一遍稿件，掌握稿件的内容质量，防止出现原则性错误。接下来校对人员会逐字逐句的阅读文稿，将错别字和病句降至最低后发送给排版人员。设计排版工作完成后，编辑和校队人员还要将电子稿打印出来进行二审二校和三审三校，每次审读和校对，排版人员都要配合核红直至清样为止。

由上述流程可知，编排人员的主要职责有以下几点：① 按照与编辑协商的设计要素和稿件内容完成书籍的录入排版。② 与编辑沟通，跟随审稿进度改校对和发片。③ 自检录入排版和核红的稿件，避免出现疏漏和错改。

一般来说，编排人员拿到的是经过初审的稿件，书稿有多少章，稿件中就包含多少个文件夹，每个文件夹中都有对应章节的Word文档和所有原图，如图5-1所示。

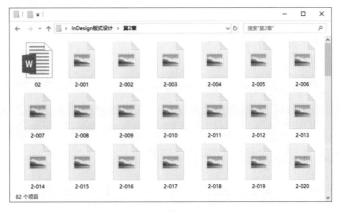

图5-1

拿到稿件后，首先应该阅读几章文档了解书籍的内容和结构。比如，这本书讲述的内容是什么，有多少页，分几级标题，有没有步骤、提示等结构。通过分析原稿计划好设计风格、编排进度和段落样式的形式，如图5-2所示。

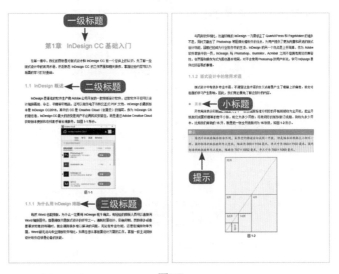

图5-2

接下来就要处理Word文档和原图。既然要设计编排，就不能使用原稿的样式，先去除原稿上的图片和格式，将纯文本置入到InDesign中。然后设置段落样式、置入图片制作出样章，通过样章确定设计方案。

书稿的原图也要进行处理，图书作者提供的原图通常为RGB颜色模式，截屏图像的分辨率大多数为72ppi。将图片置入InDesign前要把原图处理成CMYK颜色模式，分辨率最好转换为300ppi，按照印刷要求批处理图片的方法会在第7章中详细介绍。

处理好原稿和图片后就可以进入到编排步骤。一个人单独编排最好不要分章，在一个文档中编排全书即有利于格式的统一，又能避免合并文档的麻烦和各种意想不到的情况。遇到页数特别多或者需要赶进度的书稿时，就要以章为单位将书稿拆分为多个文档，建立规范的文件系统后逐章编排。

拆分书稿的好处是，可以避免编排页数不断增加带来的文档打开速度缓慢和页面切换延迟现象。更重要的是，拆分后的文档可以交给多个编排人员同时工作，从而加快编排速度。所有文档都编排完成后，就要利用书籍文件导入所有的文档，最后统一创建页码和目录。

5.2 创建书籍文件

我们可以将InDesign的书籍文件理解为可以共享样式、色板、主页等项目的容器，这个容器可以将零散的文档按照统一的样式整理起来，使之成为完整的书籍。

5.2.1 创建和保存书籍文件

创建书籍文件的方法是执行【文件】|【新建】|【书籍】命令，在打开的【新建书籍】对话框中先选择书籍文件的保存路径，然后在【文件名】文本框中输入书籍名称，最后单击【保存】按钮生成书籍文件，如图5-3所示。

图5-3

生成书籍文件后，系统会自动打开【书籍】面板，单击面板下方的＋按钮，就可以将编排好的文档添加到书籍中。在【书籍】面板的列表中选取一个文档，单击面板下方的－按钮能将该文档移除，如图5-4所示。

提 示

如果不小心关闭了【书籍】面板，就要按Ctrl + O组合键重新打开已保存的书籍文件。

在书籍中添加文档时，会按照文档的加入顺序自动排序页码。在【书籍】面板中上下拖动文档列表就能调整文档的先后顺序，如图5-5所示。添加完所有文档后，别忘了单击面板下方的 ↓ 按钮保存书籍文件。

图5-4 　　　　　　　　　　　　　　　图5-5

5.2.2　打开和替换文档

书籍中的文档都是以链接方式存在的，双击【书籍】面板中的一个文档就能打开链接的文档进行编排，已经打开的文档右侧会出现 ● 图标，如图5-6所示。

如果文档右侧出现 ⚠ 图标，表示链接的文档已经被修改，但是书籍文件中还没有更新，只要双击打开这个文档就会自动完成更新。如果文档右侧出现 ❓ 图标，表示这个文档已经被删除或者保存路径发生了改变，如图5-7所示。遇到这种情况，我们可以双击提示图标，在打开的对话框中查找文档或者用其他文档替换。

图5-6

图5-7

5.2.3 同步书籍文件

书籍中包括很多个文档，要想让所有文档的样式、色板等设置都完全相同，就要用书籍中一个文档作为标准，利用同步功能将这个文档的设置套用到其他文档上。同步文档的方法是在【书籍】面板上单击文档左侧的空白框，出现图标后表示将该文档作为样式源，单击面板下方的按钮后稍等片刻即可完成同步，如图5-8所示。

图5-8

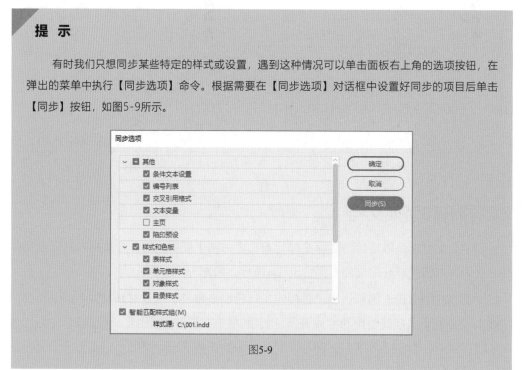

提 示

有时我们只想同步某些特定的样式或设置，遇到这种情况可以单击面板右上角的选项按钮，在弹出的菜单中执行【同步选项】命令。根据需要在【同步选项】对话框中设置好同步的项目后单击【同步】按钮，如图5-9所示。

图5-9

5.3 添加页码和页眉

通过书籍文件将所有文档整理到一起后，接下来就要统一设置长文档的页脚、页眉和页码。页脚、页眉和页码都要通过【主页】面板添加，页码的编号和形式则要利用【页码和章节选项】命令控制。

5.3.1 添加自动页码

添加自动页码的方法是在【书籍】面板中双击打开第一个文档，展开【主页】面板，双击面板上的【A-主页】进入编辑模式，如图5-10所示。

激活【工具】面板上的【文字工具】 T ，在页面上创建一个文本框架。在文本编辑模式下执行【文字】|【插入特殊字符】|【标志符】|【当前页码】命令，文本框架中就会生成自动更新页码标志"A"。

复制文本框架，将其粘贴到跨页的另一个页面上，接下来调整文本框架的位置和文本对齐方向，使对页上的两个页码标志完全镜像，如图5-11所示。

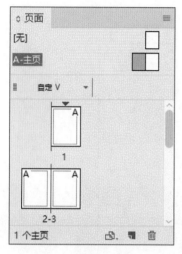

图5-10

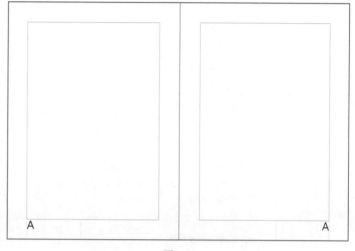

图5-11

提　示

我们可以像设置文本那样修改页码标志的字体、字号、色板等属性。

在【页面】面板上双击任意一个文档页面退出主页编辑模式，页面上就会显示出自动排序的页码，如图5-12所示。

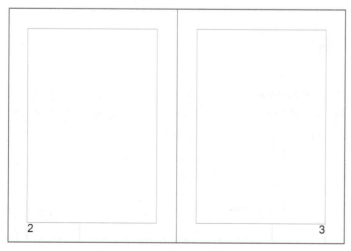

图5-12

5.3.2 页码样式和起始页码

默认的页码使用阿拉伯数字排序。切换到文档的第一个页面，执行【版面】|【页码和章节选项】命令打开【新建章节】对话框，在【编排页码】选项组的【样式】下拉列表中可以修改页码的语言和位数，如图5-13所示。

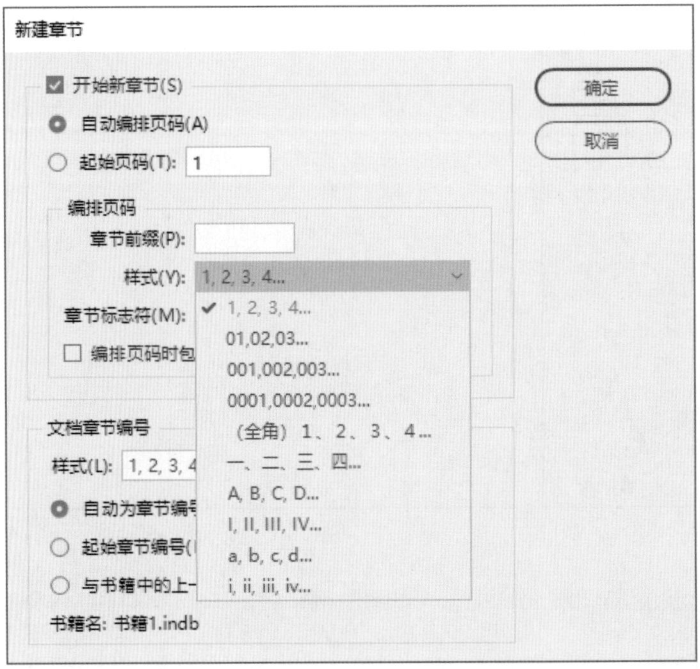

图5-13

我们还可以在【新建章节】对话框中重新定义起始页码，比如图书的页码应该从正文开始连续编号，正文前面的扉页、版权页、目录页，以及文后的附录一般不编号或另外编号。假设图书的正文从文档的第5页开始，我们就在【页面】面板中双击切换到页面5，然后打开【新建章节】对话框，勾选【起始页码】单选按钮后将页码设置为1，如图5-14所示。

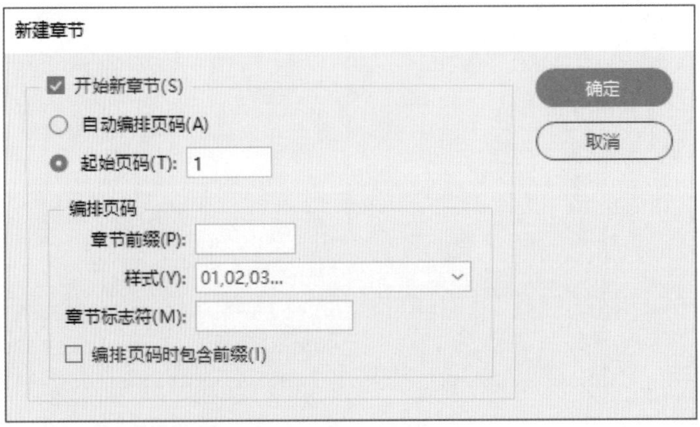

图5-14

虽然已经将第5页设置成了起始页，但是前面几页的页码仍然存在。如果需要为扉页、版权页和目录页单独编号，就切换到第一个页面，打开【新建章节】对话框，在【样式】下拉列表中选择另外一种的编码样式，如图5-15所示。

现在还有一个问题，扉页和版权页虽然参与编号，但是页面上不应该出现页码。解决方法是在【页面】面板中将【无】主页拖动到扉页和版权页上，如图5-16所示。

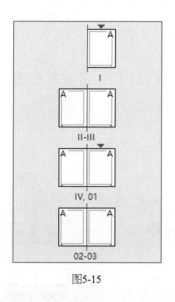

图5-15

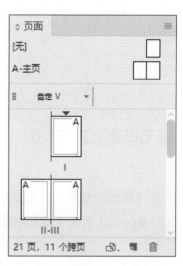

图5-16

技 巧

　　如果我们将偶数页设置为页码1，那么这个跨页就会被取消。如图5-17所示。要想避免这种情况，可以先在【页面】面板的这个偶数页上单击鼠标右键，在弹出的快捷菜单中取消【允许选定的跨页随机排布】复选框的勾选，然后设置页码。

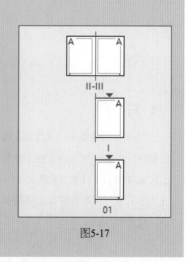

图5-17

书籍的第一个文档设置好了页码，其他文档的页码可以使用同步功能自动添加。在【书籍】面板中将第一个文档设置为样式源，单击面板右上角的选项按钮，执行【同步选项】命令。在打开的对话框中勾选【主页】，然后单击【确定】按钮，如图5-18所示。

按住Shift键在【书籍】面板中选取其余的文档，单击面板下方的↰按钮，其余的文档就会按照排序自动添加页码，如图5-19所示。

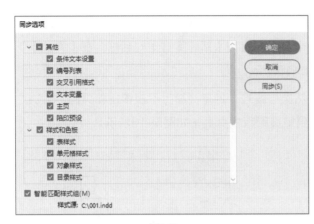

图5-18

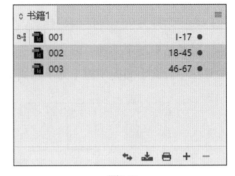

图5-19

5.3.3 章节前缀和标志符

切换到第一个页面，执行【版面】|【页码和章节选
项】命令打开【新建章节】对话框，在【章节前缀】文本框
中输入"第1章"，【页面】面板中就会显示出页码前缀，
如图5-20所示。

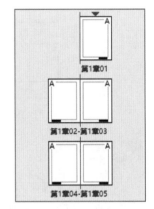

图5-20

技 巧

添加章节前缀后，【页面】面板上的页码文字
会变得很拥挤。单击面板右上角的选项按钮，在弹
出的菜单中选择【面板选项】命令打开对话框，在
【大小】下拉列表中可以选择页面缩略图的显示大
小，如图5-21所示。

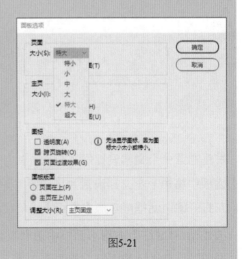

图5-21

在【新建章节】对话框中勾选【编排页码时包含前缀】复选框，章节的前缀文字就会显示在页面上，如图5-22所示。

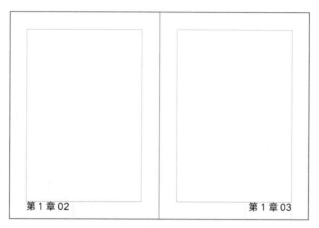

第 1 章 02　　　　　　　　　　　　　　　　　第 1 章 03

图5-22

打开【新建章节】对话框，在【章节标志符】文本框中输入章节名称，然后单击【确定】按钮将对话框关闭，如图5-23所示。在后面的编排工作中，需要引用章节名称时，执行【文字】|【插入特殊字符】|【标志符】|【章节标志符】命令，就会插入章节名称文字。

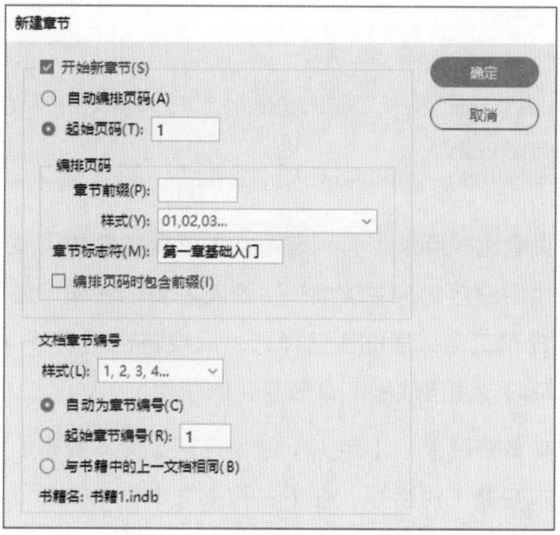

图5-23

5.3.4　制作文本变量页眉

现在让我们把关注点从页码转移到页眉，大部分图书的页眉区分奇偶页，奇数页眉显示章名，偶数页眉显示书名。常规的制作方法是在【页面】面板中双击【A-主页】进入编辑模式，在奇数页眉的位置创建文本框架输入章节序号和名称，在偶数页眉的位置创建文本框架输入书名，如图5-24所示。

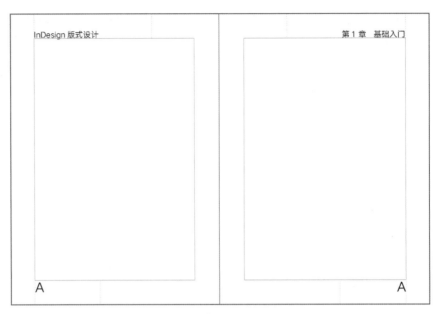

图5-24

第一个文档的页眉设置完成后，在【书籍】面板中同步其余的文档，然后逐个文档修改偶数页的章节序号和名称。

利用这种方法创建页眉比较麻烦，特别是有些图书要求奇数页眉显示一级标题，偶数页眉显示二级标题，这种页眉设置起来更加烦琐。其实，我们在编排每个章节的文档时，会使用段落样式定义一级标题和二级标题的段落样式，只要将标题段落样式和InDesign的文本变量功能结合起来，就可以创建自动跟随章节变化的页眉。

执行【文字】|【文本变量】|【定义】命令打开【文本变量】对话框，继续单击【新建】按钮打开【新建文本变量】对话框。在【名称】文本框中输入"书名"，在【类型】下拉列表中选择【指定文本】，在【文本】文本框中输入书籍的名称，单击【确定】按钮将对话框关闭，如图5-25所示。

再次在【文本变量】对话框中单击【新建】按钮，在【名称】文本框中输入"一级标题"，在【类型】下拉列表中选择【动态标题（段落样式）】，在【样式】下拉列表中选择一级标题使用的段落样式名称，如图5-26所示。

继续在【文本变量】对话框中单击【新建】按钮，在【名称】文本框中输入"二级标题"，在【样式】下拉列表中选择二级标题使用的段落样式名称。

图5-25　　　　　　　　　　　　　　　　　　　　图5-26

文本变量全部设置完成了，在【页面】面板中双击编辑主页，在偶数页眉的位置创建文本框架，执行【文本】|【文本变量】|【插入变量】|【书名】命令。在奇数页眉的位置创建文本框架，执行【文本】|【文本变量】|【插入变量】|【一级标题】命令，如图5-27所示。

图5-27

切换回页面，页眉上的内容就会跟随正文中的标题样式自动变化，如图5-28所示。在【书籍】面板中同步其余文档，全书的页眉都可以自动生成，不必进行任何调整。如果图书要求奇数页眉显示一级标题名称，偶数页眉显示二级标题名称。只要在主页的奇数页眉插入一级标题文本变量，在偶数页眉插入二级标题文本变量即可。

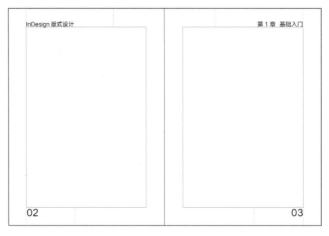

图5-28

5.4 创建和更新目录

只要我们为标题设置了段落样式，就能非常容易地生成目录。需要注意的是，如果我们在书籍文件中制作目录，为了不影响正文的排序和页码，最好单独创建一个放置封面、扉页、目录等章前页的文档，然后其加入到书籍文件中，如图5-29所示。

图5-29

5.4.1 生成书籍目录

生成目录前还要进行一些必要的准备工作。在【书籍】面板中将正文的第一个文档作为样式源，并且确认【同步选项】中的【主页】没有被勾选。选中章前页文档后单击面板下方的 ↹ 按钮同步标题样式，然后双击打开章前页文档，如图5-30所示。

图5-30

执行【版面】|【目录】命令打开对话框，将【其他样式】列表中的标题样式按照一级标题、二级标题、三级标题的顺序添加到【包含段落样式】列表中，然后勾选【包含书籍文档】复选框，如图5-31所示。单击【确定】按钮后在目录页面拖动鼠标就会生成目录文本。

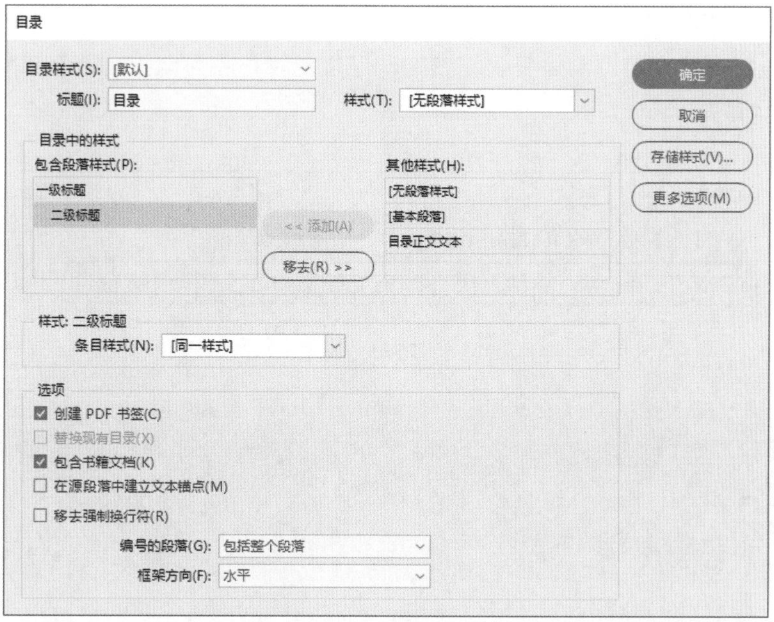

图5-31

提 示

生成目录后，如果正文中修改了章节，可以双击目录文本框架进入编辑模式，然后执行【版面】|【更新目录】命令。

5.4.2 用制表符对齐目录

生成目录后我们还要设置目录的样式，为了易于区分标题的级别，二级标题和三级标题都要设置缩进。目录的缩进与正文的首行缩进有所不同，常规的方法是按Tab键在二级标题和三级标题前方插入制表符，如图5-32所示。

目录

第 1 章　InDesignCC 基础入门 1
1.1 InDesign 概述　1
1.2 熟悉工作界面　2
1.3 文档基本操作　4
1.4 页面显示控制　5
1.5 页面辅助元素　6
第 2 章　图形与图像处理　9
2.1 创建几何形状　9
2.2 绘制复杂路径　12
2.3 色板和渐变 13
2.4 置入与处理图像　14
2.5 图层和效果面板　16
第 3 章　文本与段落编排　19
3.1 输入和置入文本　19
3.2 字符与段落格式　22
3.3 中文排版规则　24
3.4 分栏和绕排文本　25

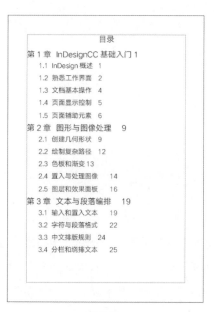

图5-32

选取目录上的所有文字后执行【文字】|【制表符】命令打开制表符对话框，在标尺上方的白色区域单击鼠标定位制表符，左右拖动定位制表符就可以控制所有二级标题的缩进量，如图5-33所示。

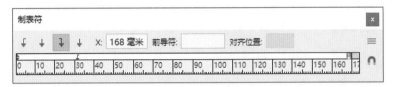

图5-33

提　示

　　单击 ∩ 按钮可以将制表符对话框与选区或插入点对齐，在定位制表符上单击右键，在弹出的快捷菜单中可以删除定位制表符。

生成目录文本时，条目和页码之间会自动创建制表符，在制表符对话框的标尺上方单击鼠标创建第二个定位制表符，左右拖动这个制表符就能让所有页码对齐。单击 ↓ 按钮可以让页码右对齐，在【前导符】文本框中输入"."，按下回车键就能在条目和页码之间生成引线，如图5-34所示。

图5-34

5.5　上机练习

到目前为止，InDesign的大部分功能我们已经有所涉猎，如果现在给你一份Word文档和插图，你能按照图书出版的要求用InDesign编排出来吗？对于大多数初学者来说，这个任务的难度不小，因为在编排图书的过程中会遇到各种各样的问题，很多问题需要一定的实践经验才能解决，我们动手试一下就知道了。

1 运行InDesign后单击开始工作区中的【新建】按钮，在【新建文档】对话框中设置页面的【宽度】为185毫米，【高度】为240毫米，然后单击【边距和分栏】按钮，如图5-35所示。

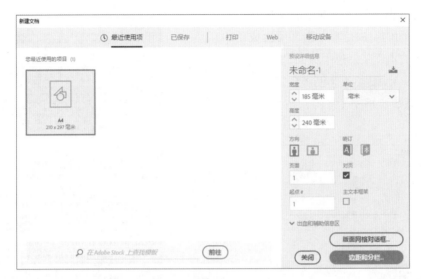

图5-35

2 在【新建边距和分栏】对话框中设置【上】、【下】、【外】参数均为20毫米，【内】参数取决于图书的厚度，如果图书比较厚，内边距就要大一些，这里我们将其设置为25毫米，单击【确定】按钮完成文档的创建，如图5-36所示。

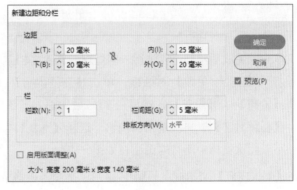

图5-36

3 按Ctrl＋D组合键打开【置入】对话框，先勾选对话框底部的【显示导入选项】复选框，然后取消【应用网格格式】复选框的勾选，如图5-37所示。接下来双击载入附赠素材中的【上机练习】|【上机练习05】|【05.docx】文档。

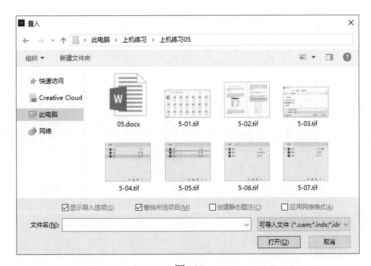

图5-37

4 在【Microsoft Word导入选项】对话框中勾选【移去文本和表的样式和格式】单选按钮，单击【确定】按钮后捕捉页边距创建文本框架，如图5-38所示。

5 单击文本框架右下角的溢流图标，按住Shift键在页面的空白位置单击即可生成新的页面和串接文本框架。选中页面1上重叠的文本框架，按Delete键将文字回流到下一个文本框架中，如图5-39所示。

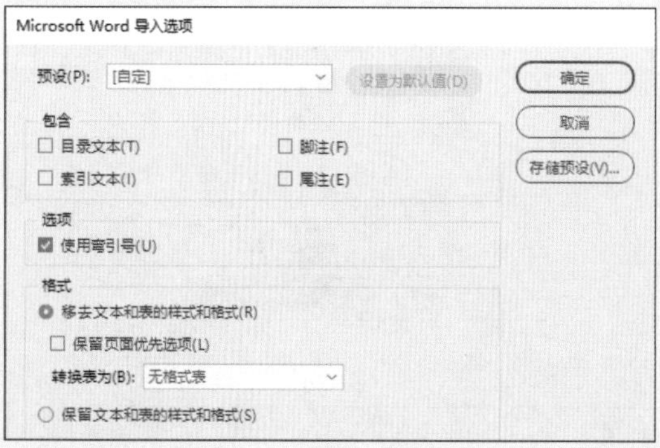

图5-38

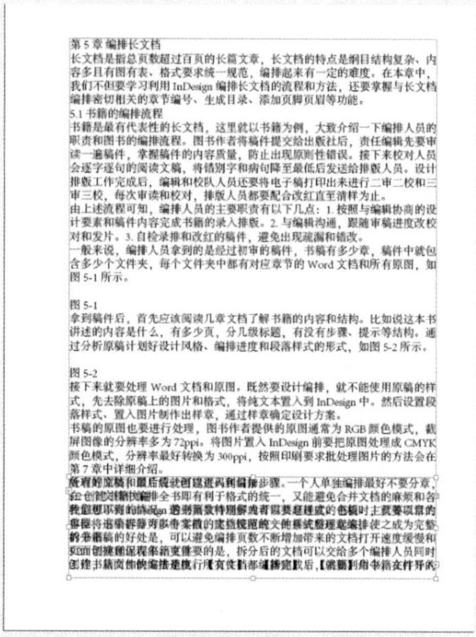

图5-39

6 文本导入完成后我们还要进行一些处理，删除文档上所有的图注、空段和空格。按Ctrl+L组合键打开【查找/更改】对话框，单击【查找内容】文本框右侧的@按钮，在弹出的菜单中选择【位置】|【段首】，然后在^符号后面输入"图5-"。继续单击@按钮，选择【通配符】|【任意数字】，再次单击@按钮，选择【重复】|【一次或多次】。单击【全部更改】按钮就可以删除文档中所有的图注，如图5-40所示。

7 在【查找内容】文本框中只留下^符号，然后单击@按钮选择【段落结尾】，继续单击【全部更改】按钮删除文档中所有的空段，如图5-41所示。

图5-40

图5-41

8 在【查找内容】文本框中删除所有的字符，然后按一下空格键，单击【全部更改】按钮删除文档中所有的空格。按Ctrl＋Alt＋I组合键显示出隐藏字符，检查一下文档中还有没有多余的内容，如图5-42所示。

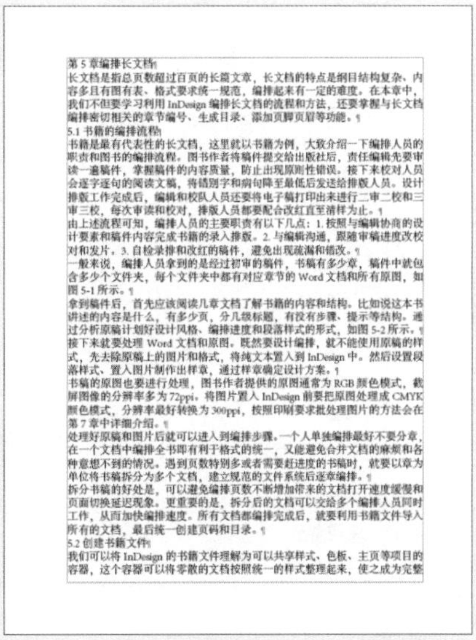

图5-42

9 为了保证格式统一，所有正文和标题都要通过段落样式进行规范。双击页面1上的文本框架进入文本编辑模式，按Ctrl＋Alt＋T组合键展开【段落】面板，在【标点挤压设置】下拉菜单中选择【基本】。在弹出的对话框中单击【新建】按钮，将新建的标点挤压集命名为"首行缩进"后单击【确定】按钮。单击【段落首行缩进】右侧的【无】，在弹出的列表中选择【2个字符】，继续单击【存储】按钮后单击【确定】按钮将窗口关闭，如图5-43所示。

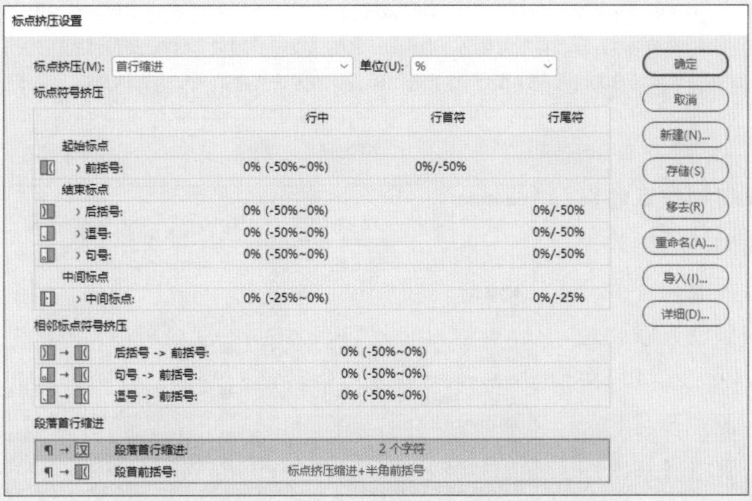

图5-43

10 按F11键打开【段落样式】面板，单击按钮新建一个段落样式，按Ctrl＋A组合键选取所有文本后套用新建的段落样式。双击新建的段落样式打开设置对话框，将样式命名为"正文"。单击对话框中的【基本字符格式】选项，在【字体样式】下拉列表中选择"方正细黑一简体"，设置【大小】为10.5点，【行距】为18点。单击【日文排版设置】选项，在【标点挤压】下拉列表中选择【首行缩进】，单击【确定】按钮完成设置，如图5-44所示。

图5-44

11 计算机类图书多采用无衬等线字体。仔细浏览一下文档，如果中文、英文和数字没有明显的差异，标点的间距合理，就可以直接使用这种字体，如图5-45所示。达不到要求的话就只能用复合字体解决了。

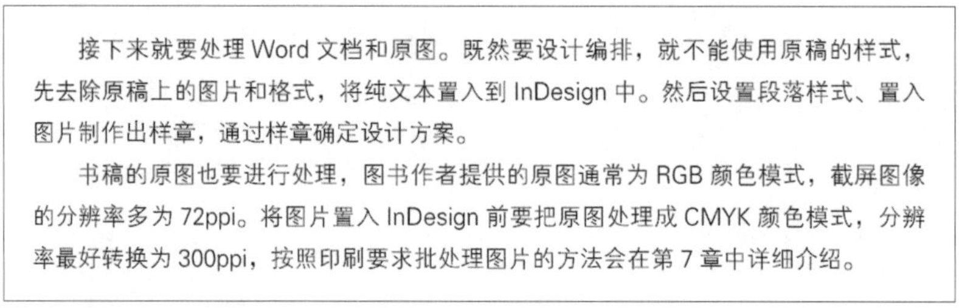

接下来就要处理 Word 文档和原图。既然要设计编排，就不能使用原稿的样式，先去除原稿上的图片和格式，将纯文本置入到 InDesign 中。然后设置段落样式、置入图片制作出样章，通过样章确定设计方案。

书稿的原图也要进行处理，图书作者提供的原图通常为 RGB 颜色模式，截屏图像的分辨率多为 72ppi。将图片置入 InDesign 前要把原图处理成 CMYK 颜色模式，分辨率最好转换为 300ppi，按照印刷要求批处理图片的方法会在第 7 章中详细介绍。

图5-45

12 接下来我们制作章前页并且设置一级标题的样式。展开【色板】面板，将第一个预设色板的颜色值修改为 CMYK = 79、49、36、0。按 Ctrl + F7 组合键打开【对象样式】面板，双击【基本图形框架】样式打开设置对话框，在【描边】选项中单击【无】，如图5-46所示。

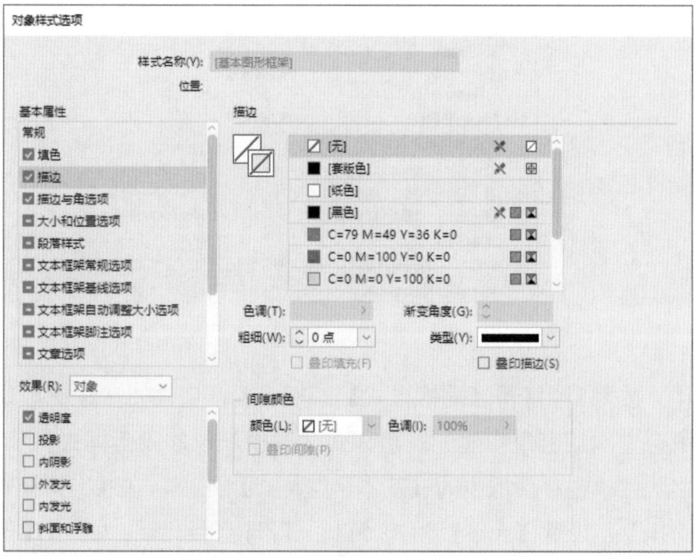

图5-46

13 按M键激活【矩形工具】，捕捉页面1的出血线创建满版的矩形形状。在矩形上单击鼠标右键，弹出快捷菜单后执行【排列】｜【置于底层】命令。将文本插入点放置到第5章导言结束的位置，执行【文字】｜【插入分隔符】｜【分页符】命令，结果如图5-47所示。

14 将标题的"第5章"替换为"05"，然后按回车键另起一行。展开【段落样式】面板，选中正文样式后单击 按钮新建样式。将新建的样式命名为"一级标题"，然后套用到页面1的所有文本上，如图5-48所示。

图5-47

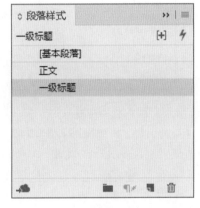

图5-48

15 双击一级标题样式打开设置对话框，单击【字符颜色】选项后单击【纸色】色板。单击【日文排版设置】选项，在【标点挤压】下拉列表中选择【无】。单击【GREP样式】选项，单击【新建GREP样式】按钮，如图5-49所示。

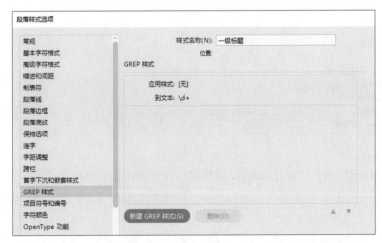

图5-49

16 在【应用样式】下拉菜单中选择【新建字符样式】。打开【新建字符样式】对话框后单击【基本字符格式】选项，在【字体系列】下拉列表中选择"PledgeBlack"，设置【大小】为72点，【行距】为【自动】，单击【确定】按钮完成设置，如图5-50所示。

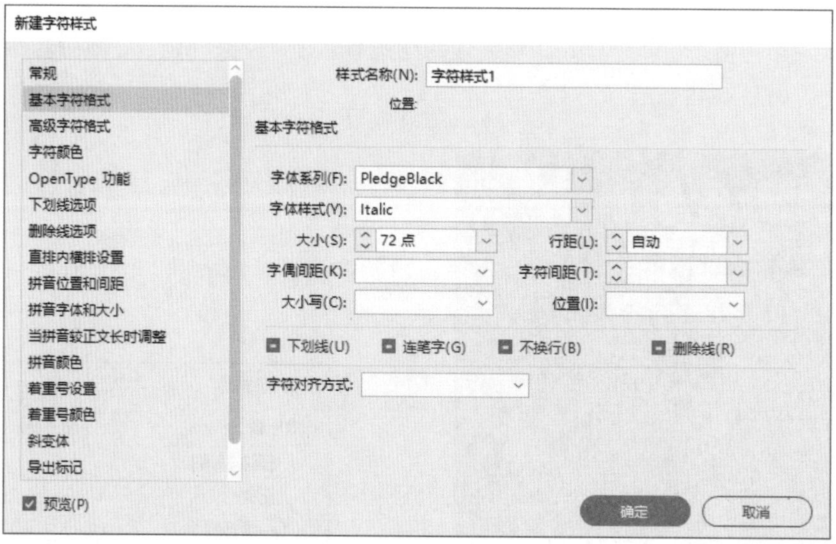

图5-50

17 将【到文本】文本框中的字符全部删除，然后输入"^\d+"，也就是"段首→通配符任意数字→重复一次或多次"，如图5-51所示。

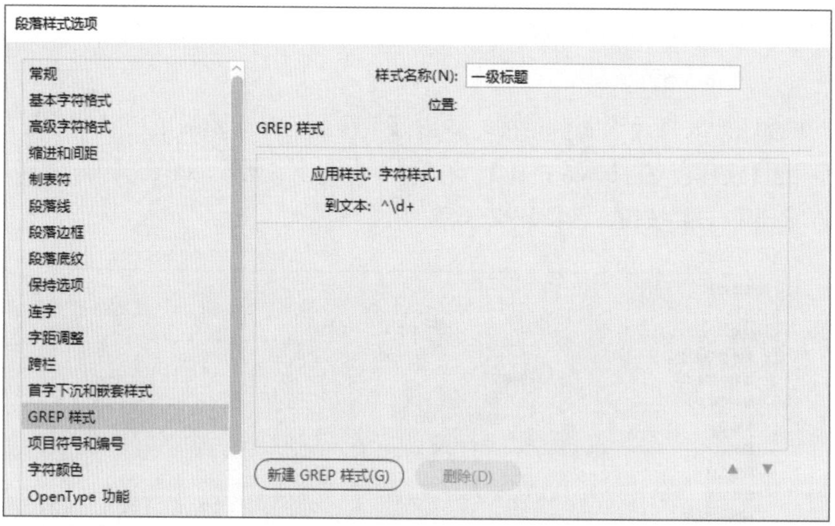

图5-51

18 再次单击【新建GREP样式】按钮创建样式，然后单击▲按钮将新建的样式移动到列表顶部。单击【应用样式】，在弹出的下拉列表中选择【新建字符样式】。在【新建字符样式】对话框中单击【基本字符格式】选项，在【字体系列】下拉菜单中选择"方正黑体简体"，设置【大小】为24点，【行距】为48点，单击【确定】按钮完成设置，如图5-52所示。

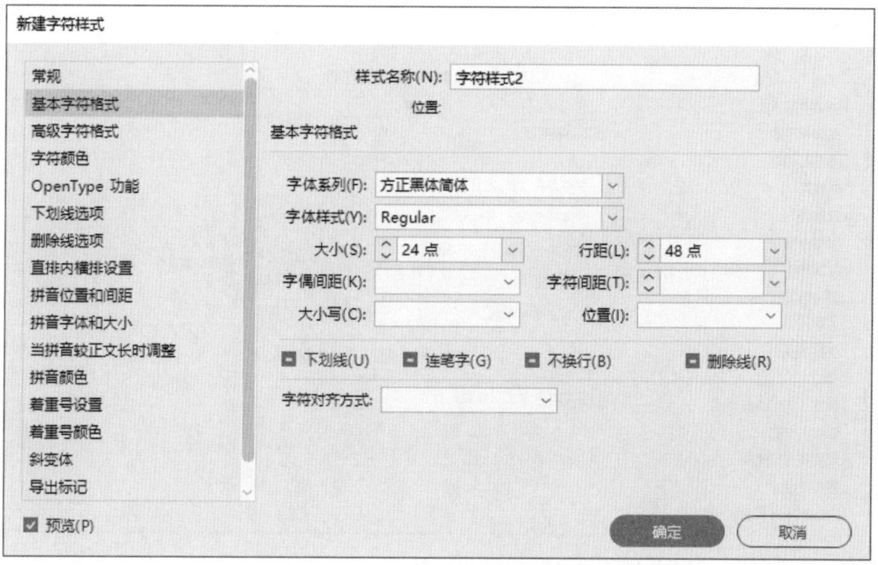

图5-52

19 将【到文本】文本框中的字符全部删除，然后输入"~K+$"，也就是"通配符任意数字→重复一次或多次→段落结尾"，单击【确定】按钮完成段落样式的设置，结果如图5-53所示。

图5-53

20 现在设置二级标题的样式。在【段落样式】面板中以【正文】样式为基础新建一个段落样式，将其命名为"二级标题"后套用到页面2的"5.1"段落上。双击二级标题样式打开设置对话框，单击对话框中的【基本字符格式】选项，在【字体样式】下拉列表中选择"方正黑体简体"，设置【大小】为18点，【行距】为【自动】，如图5-54所示。继续单击【字符颜色】选项后单击【纸色】色板。单击【日文排版设置】选项，在【标点挤压】下拉列表中选择【无】。

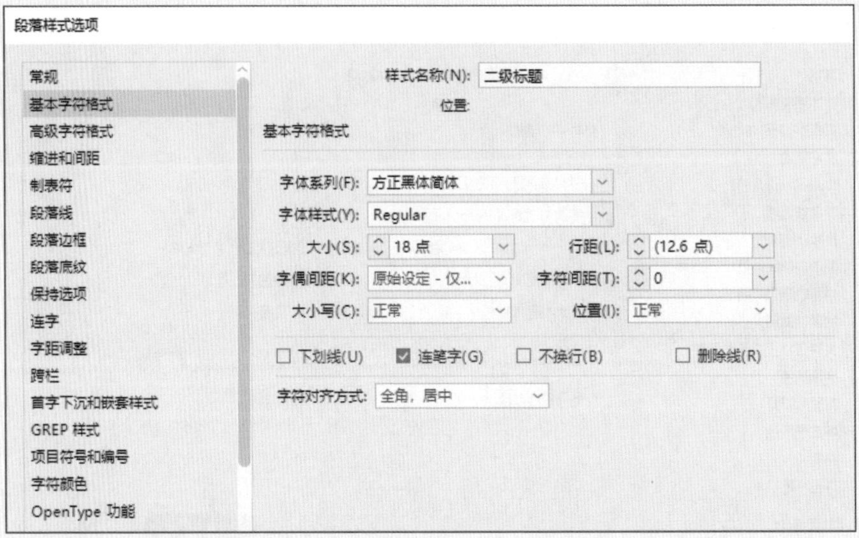

图5-54

21 单击【缩进和间距】选项，设置【段前距】为4毫米，【段后距】为8毫米。单击【段落底纹】选项，勾选【底纹】复选框后在【颜色】下拉列表中选择修改后的第一个色板，设置【色调】为80%，【上】和【下】参数均为4毫米，如图5-55所示。单击【网格设置】选项，在【网格对齐方式】下拉列表中选择【全角，底】，单击【确定】按钮完成设置。

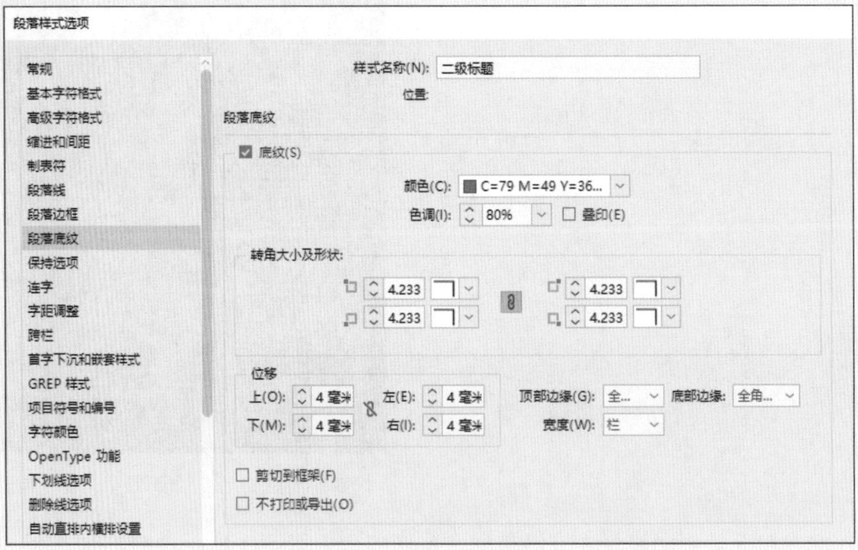

图5-55

22 文档中有很多二级标题，为了提高效率并且避免遗漏，我们可以使用查找功能一次性替换所有的二级标题段落样式。按Ctrl＋L组合键打开【查找／更改】对话框，在【查找内容】文本框中输入"^5.\d~K"，单击【更改格式】选项组中的🔍按钮，弹出对话框后在【段落样式】下拉列表中选择【二级标题】。单击【全部更改】按钮，为所有符合条件的段落应用二级标题段落样式，如图5-56所示。

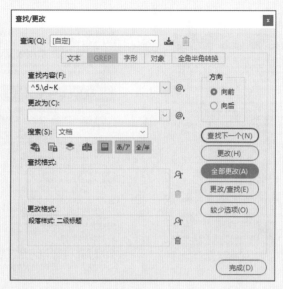

图5-56

23 展开【段落样式】面板，新建一个样式后命名为"三级标题"。双击新建的样式打开设置对话框，单击【基本字符格式】选项，在【字体系列】下拉列表中选择"方正黑体简体"，设置【大小】为14点，【行距】为【自动】。单击【缩进和间距】选项，设置【段前距】为4毫米，【段后距】为5毫米，如图5-57所示。

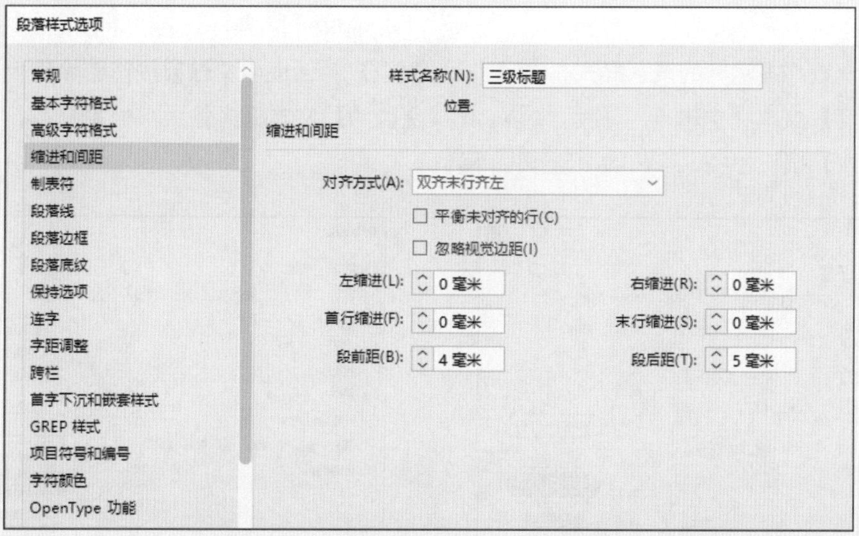

图5-57

24 继续单击【字符颜色】选项，单击设置好的第一个预设色板。继续单击【日文排版设置】选项，在【标点挤压】下拉列表中选择【无】，单击【确定】按钮完成段落样式的设置，如图5-58所示。

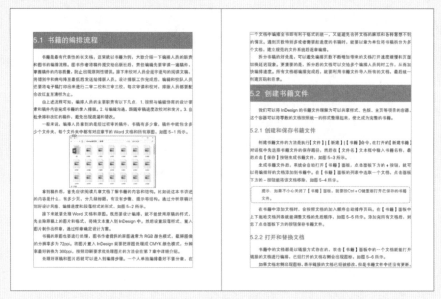

图5-58

25 按Ctrl+L组合键打开【查找/更改】对话框，在【查找内容】文本框中输入
"^5.\d.\d"，在【更改为】文本框中输入"$0\t"，也就是搜索到内容后在序号后面插入
一个制表符。单击【更改格式】选项组中的♀按钮，弹出对话框后在【段落样式】下拉列表
中选择【三级标题】，单击【全部更改】按钮查找并替换三级标题的段落样式，如图5-59
所示。

26 继续设置"提示"的段落样式。在【查找/更改】对话框中单击🗑按钮删除替换样式，在
【查找内容】文本框中输入"^提示\r"，在【更改为】文本框中输入"提示："，然后单击
【全部更改】按钮替换内容，如图5-60所示。

图5-59   图5-60

27 展开【色板】面板，将第二个预设色板的颜色值修改为CMYK=46、89、83、13。在【段
落样式】面板中以【正文】样式为基础创建一个新样式，将样式命名为"提示"后打开设置

对话框。单击【基本字符格式】选项，设置【大小】为10点。单击【缩进和间距】选项，设置
【左缩进】为10毫米，【右缩进】为4毫米，【段前距】和【段后距】均为3毫米，如图5-61
所示。

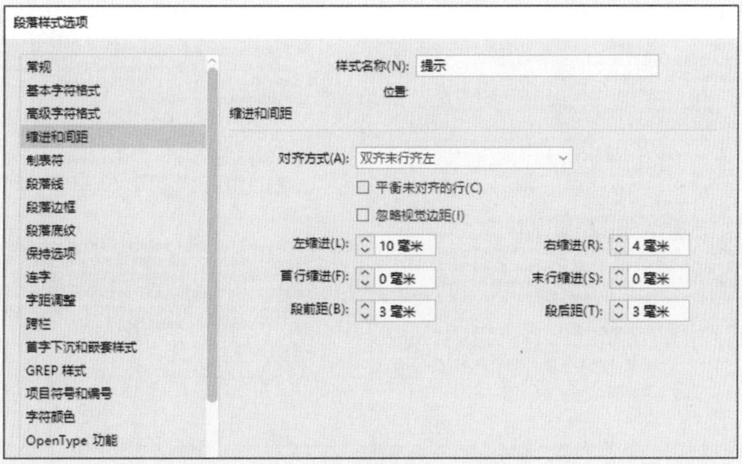

图5-61

28 单击【段落边框】选项，勾选【边框】复选框后设置所有【描边】参数均为0.75点，在
【类型】下拉列表中选择【虚线（3和2）】，在【颜色】下拉列表中选择第二个预设色板。设
置所有的【转角大小】均为2毫米，转角形状均为【圆角】。在【位移】选项组中设置【上】
和【下】参数为2毫米，【左】和【右】参数为−1毫米，如图5−−62所示。

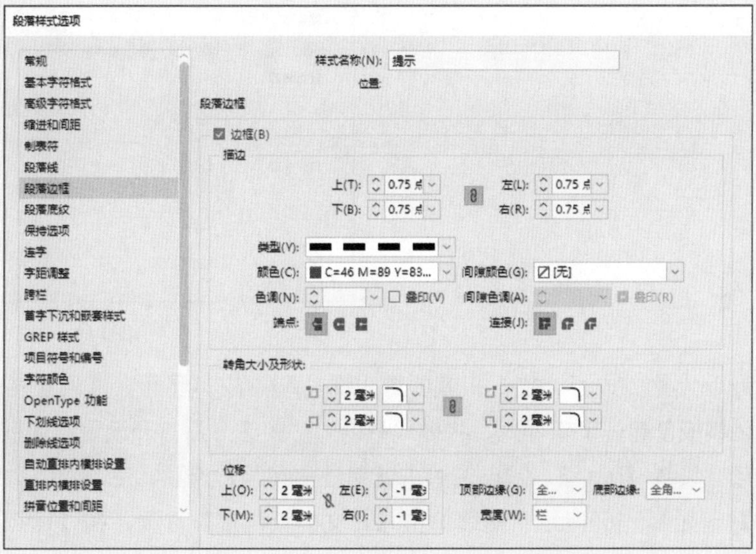

图5-62

29 单击【字符颜色】选项，单击第二个预设色板。继续单击【日文排版设置】选项，在【标
点挤压】下拉列表中选择【无】，单击【确定】按钮完成段落样式的设置。设置好的提示样式
如图5-63所示。

图5-63

30 打开【查找/更改】对话框，在【查找内容】文本框中输入"^提示：~K"，单击【更改格式】选项组中的 🔍 按钮，弹出对话框后在【段落样式】下拉列表中选择【提示】，单击【全部更改】按钮查找并替换段落样式，如图5-64所示。

图5-64

31 正本和标题都设置完成了，接下来就要置入图片和图注。展开在【段落样式】面板中以【正文】样式为模板创建一个新样式，将样式命名为"图注"后打开设置对话框。单击【基本字符格式】选项，设置【大小】为9点。单击【缩进和间距】选项，在【对齐方式】下拉列表中选择【居中】，如图5-65所示。继续单击【日文排版设置】选项，在【标点挤压】下拉列表中选择【无】。

32 单击【项目符号和编号】选项，在【列表类型】下拉列表中选择【编号】，在【列表】下拉列表中选择【新建列表】。在【编号】文本框中输入"图1-^#"，然后单击【确定】按钮完成设置，如图5-66所示。

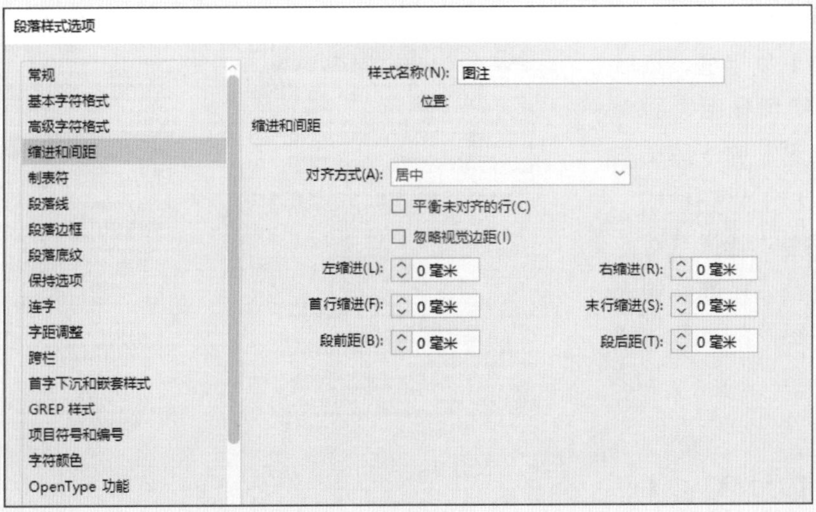

图5-65

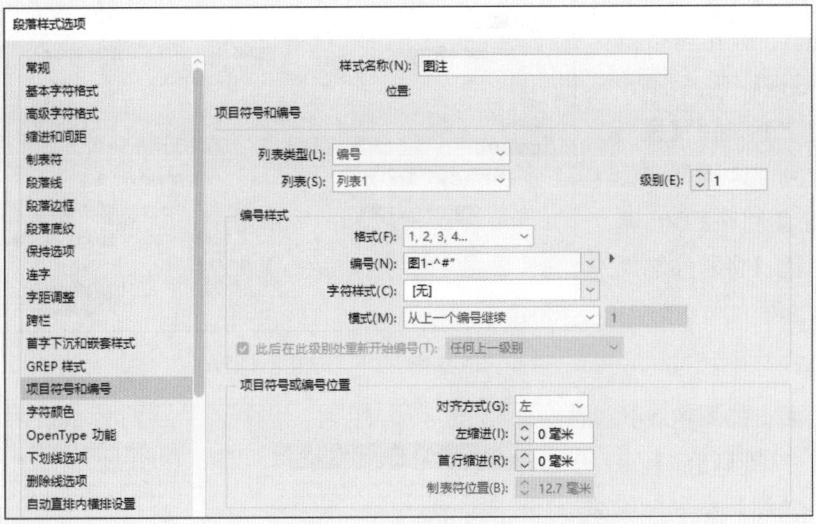

图5-66

33 执行【窗口】|【文本绕排】命令，在【文本绕排】面板中单击 ≡ 按钮，如图5-67所示。按Ctrl＋D组合键打开【置入】对话框，双击附赠素材中的【上机练习】|【上机练习05】|【5-001.tif】文件，然后在页面的任意位置单击鼠标置入图像。

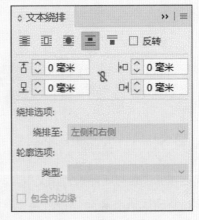

图5-67

34 勾选【控制】面板上的【自动调整】复选框，然后按住Shift键调整图像的大小和位置。调整完毕后单击【控制】面板上的 按钮，在弹出的菜单中选择【对齐边距】，继续单击 按钮水平居中对齐图像，如图5-68所示。

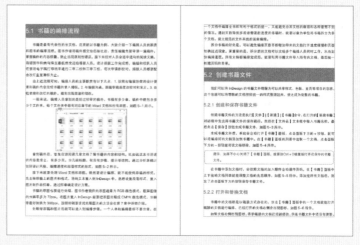

图5-68

35 执行【对象】|【题注】|【题注设置】命令打开对话框，在【此前放置文本】文本框中输入一个空格，在【元数据】下拉列表中选择【关键字】，在【段落样式】下拉列表中选择【图注】，设置【位移】为1毫米，然后勾选【将题注与图像编组】复选框，如图5-69所示。

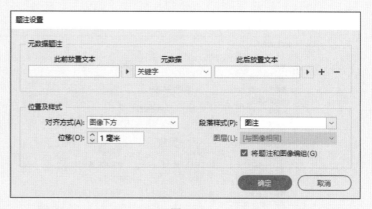

图5-69

36 选中页面上的图像，执行右键菜单中的【题注】|【生成静态题注】命令就能插入自动编号的图注了，如图5-70所示。

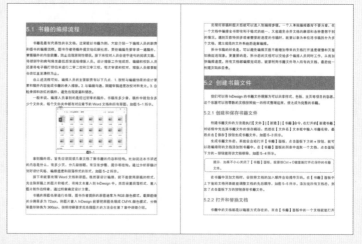

图5-70

37 有些按钮图像需要插入到正文中，我们只需按Ctrl+D组合键，在页面的空白位置置入按钮图像。选中按钮图像后按Ctrl+X组合键剪切，将文本插入点放置到需要插入图像的位置，按Ctrl+V组合键就能得到可以跟随文字一起移动的随文图，如图5-71所示。

链接的文档进行编排，已经打开的文档右侧会出现图标，如图 5-6 所示。

如果文档右侧出现图标，表示链接的文档已经被修改，但是书籍文件中还没有更新，只要双击打开这个文档就会自动完成更新。如果文档右侧出现 图标，表示这个文档已经被删除或者保存路径发生了改变，如图 5-7 所示。遇到这种情况，我们可以双击提示图标，在打开的对话框中查找文档或者用其他文档替换。

图5-71

38 剩下的就是重复性的置入图片、调整位置和添加图注，请读者自行练习。如果你在练习的过程中遇到问题，可以参考附赠素材中的【上机练习】｜【上机练习05】｜【完成.indd】文档，如图5-72所示。

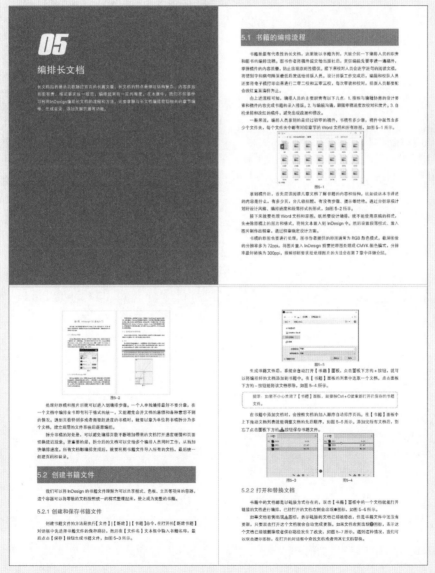

图5-72

InDesign CC
排版设计全攻略（视频教学版）

第 6 章
打印输出文档

打印就是利用打印机将设计好的文档内容输出到纸张上，

要是想生成电子文档或者送交印刷厂印刷，

就要把文档内容输出为PDF格式的文件。

打印输出是版式设计的最后一个环节，

也是重要的环节。

要想准确无误的将内容打印或印刷出来，

必须掌握InDesign的印前检查、文档打包、打印设置和输出

设置等功能。

这里简要介绍一下打印和印刷的区别。印刷是通过网点的分布呈现图像，精细度远高于按照墨点分布的打印。此外，印刷还可以在大幅面的金属、纸张、塑料、玻璃等承印物上印刷内容，这些都是打印难以实现的。在成本方面，由于印刷需要制版，所以批量小时打印的成本较低。印数超过100时，印刷的成本优势就开始显现，当印数达到1000时，印刷的成本只有打印成本的20%左右。

6.1　陷印和叠印

陷印和叠印都是印刷技术，如果我们设计的文档需要印刷，编排文档的过程中就要考虑陷印和叠印的问题。

6.1.1　陷印设置

四色印刷的原理是先将原稿分色制成青、洋红、黄、黑四色印版，印刷时再进行色彩的合成，如图6-1所示。

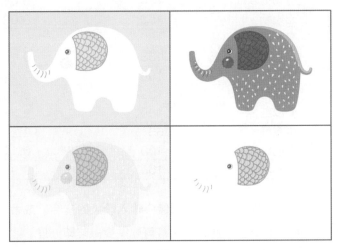

图6-1

提　示

分色的原理等同于Photoshop里的通道。在InDesign中执行【窗口】｜【输出】｜【分色输出】命令，在打开的面板中就可以查看分色。

在印刷机上，每块印版必须与其他印版精确套准，如果套色有一点误差，相邻的色彩之间就会产生白边。陷印就是在颜色交接的地方用交接的两种颜色互相渗透一些，因此陷印也被称为补漏白，相互渗透区域的宽度被称为陷印值，如图6-2所示。

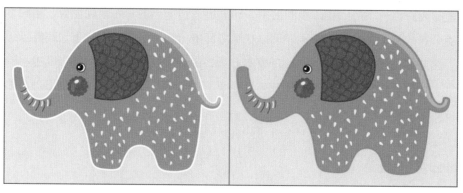

陷印前   陷印后

图6-2

如果陷印值太小，就达不到补漏白的目的；太大又会在陷印边缘产生加深的轮廓线，同样影响美观。陷印值的大小可按加网线数的0.5~2倍线宽进行计算，下表给出了一些典型陷印值供参考：

印刷方式	承印材料	加网线/lpi	陷印值/mm
单张纸胶印	有光铜版纸	150	0.08
单张纸胶印	无光纸	150	0.08
卷筒纸胶印	有光铜版纸	150	0.1
卷筒纸胶印	无光商业印刷纸	133	0.13
卷筒纸胶印	新闻纸	100	0.15
柔性版印刷	有光材料	133	0.15
柔性版印刷	新闻纸	100	0.2
柔性版印刷	牛皮纸	65	0.25
丝网印刷	纸或纺织品	100	0.15
凹印	有光表面	150	0.08

当图形图像中包含较大的色块，在图形图像中输入较大的文字，或者是图形图像中的某一部分与周围邻接处有明显的颜色差别时，就有可能需要做陷印处理。照片这种连续色调的图像和渐变的图形不需要做陷印处理。

在InDesign中设置陷印的方法有两种。第一种方法是执行【窗口】|【输出】|【陷印预设】命令打开【陷印预设】面板，双击【默认】预设，在打开的对话框中参考上表设置陷印宽度，如图6-3所示。

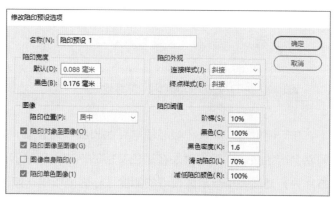

图6-3

要想查看陷印的效果，需要执行【文件】|【打印】命令，在【打印】对话框中设置打印机为【Abode PDF】。单击左侧的【输出】选项，在【颜色】下拉列表中选择【In-RIP分色】，在【陷印】下拉列表中选择【应用程序内建】，如图6-4所示。单击【打印】按钮，输出PDF文件后就能看到陷印效果了。

打印	
打印预设(S):	[自定]
打印机(P):	Adobe PDF
PPD(D):	Adobe PDF

常规	输出		
设置	颜色(L):	In-RIP 分色	☐ 文本为黑色(K)
标记和出血			
输出	陷印(T):	应用程序内建	
图形	翻转(F):	无	☐ 负片(N)
颜色管理	加网(C):	71 lpi / 600 dpi	
高级			
小结			

油墨

🖶	油墨	网频	角度
🖶	青色	63.2456	71.5651
🖶	洋红	63.2456	18.4349
🖶	黄色	66.6667	0
🖶	黑色	70.7107	45

频率(E): 63.2456 lpi　　☐ 模拟叠印(O)

角度(A): 71.5651 °　　（油墨管理器(M)）

（存储预设(V)...）　（设置(U)...）　　（打印）　（取消）

图6-4

提 示

如果打印机列表中没有Abode PDF，请安装Abode Acrobat DC。

第二种陷印设置方法适用于复杂的形状。操作步骤是选中需要设置陷印的形状，在【控制】面板中添加与图形颜色相同的描边，然后设置【粗细】参数为0.25点，如图6-5所示。

执行【窗口】|【输出】|【属性】命令，在【属性】面板中勾选【叠印描边】复选框，如图6-6所示。继续执行【视图】|【叠印预览】命令就能在页面上看到陷印效果。

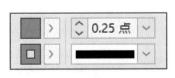

图6-5

图6-6

6.1.2 叠印设置

叠印又称压印，指的是将一个色块叠加到另一个色块上，下层的颜色不镂空。主要用于彩色图像上的黑色文字、专色或特殊效果，如图6-7所示。或许你觉得下图有些眼熟，没错，叠印的效果与混合模式中的正片叠底完全相同。

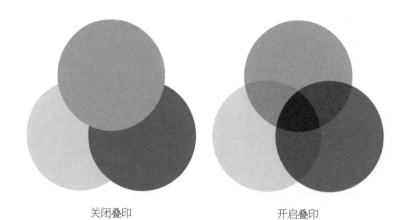

关闭叠印　　　　　　　　　　开启叠印

图6-7

设置叠印的方法是先在页面上选取需要叠印的对象，执行【窗口】|【输出】|【属性】命令，在【属性】面板中勾选【叠印填充】和【叠印描边】复选框，如图6-8所示。设置好叠印后，执行【视图】|【叠印预览】命令就能看到效果。

图6-8

> **提 示**
>
> 勾选【非打印】复选框可以不印刷选中的对象，勾选【叠印间隙】复选框可以将叠印应用到虚线的空白颜色上。

6.2 打印文档

前面提到过，批量少、幅面小、要求不高的稿件适合打印。本节我们就来学习印前检查，打印单幅稿件和多页小册子的方法。

6.2.1 文档印前检查

打印文档前应该进行一次预检，以免打印后才发现错误。我们知道，在编排文档的过程中一旦系统检测到错误，状态栏中就会显出警告，如图6-9所示。

图6-9

双击状态栏中的错误数量就会打开【印前检查】面板，在面板中可以查看具体的错误列表和解决错误的建议，如图6-10所示。

在默认设置下，系统只检测图像链接错误、缺失的字体和文本框容纳不下的溢流文本。如果我们想检查更多的内容，可以单击【印前检查】面板右上角的≡按钮，在弹出的菜单中选择【定义配置文件】打开【印前检查配置文件】对话框。

在对话框中单击＋按钮新建一个配置文件，然后选择要检测的内容，如图6-11所示。

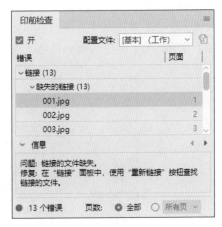

图6-10

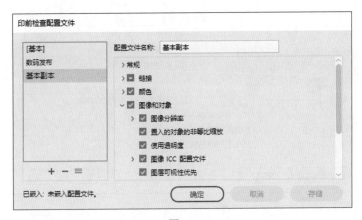

图6-11

> **提 示**
>
> 单击【印前检查配置文件】对话框中的≡按钮，在弹出的菜单中选择【嵌入配置文件】命令，自定义的检查配置就会成为文档的一部分。

在【印前检查】面板的【配置文件】下拉列表中选择自定义的配置文件，就会根据当前的配置重新检查文档，如图6-12所示。

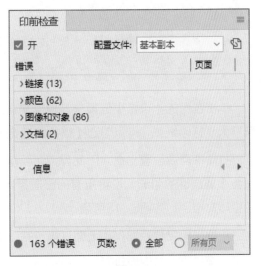

图6-12

6.2.2 打印单页稿件

打印海报、DM单、菜谱等单页稿件的方法非常简单，执行【文件】|【打印】命令，先在【打印】对话框中选择打印机，然后设置打印的份数。如果打印机不支持双面打印，就在【打印范围】下拉列表中选择【仅奇数页】，如图6-13所示。

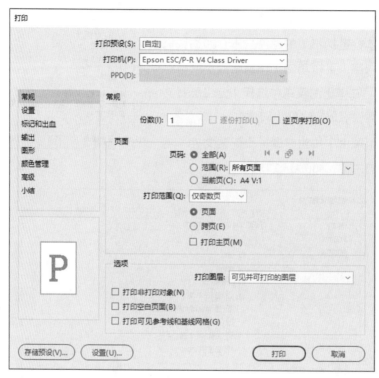

图6-13

提 示

首次打印时，建议先打印一张作为样张，确认文档内容和色彩正确、打印机没有问题后再批量打印。

单击左侧的【设置】选项卡，根据文档的页面尺寸选择纸张大小和页面方向。如果页面尺寸大于打印纸张，可以勾选【缩放以适合纸张】单选按钮，如图6-14所示。

打印不需要设置出血，因此我们还要单击【标记和出血】选项卡，取消【使用文档出血设置】复选框的勾选，设置所有的出血参数均为0毫米，然后就可以单击下方的【打印】按钮打印文档了，如图6-15所示。

正面打印完成后把打印纸翻过来，在【常规】选项卡中将【打印范围】设置为【仅偶数页】，然后再次打印即可。

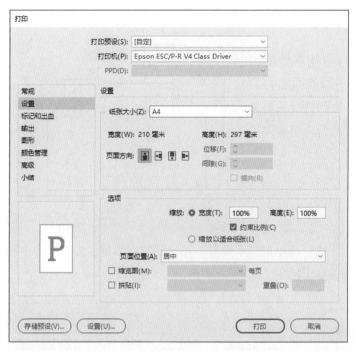

图6-14

技 巧

单击【打印】对话框中的【打印设置查看】区域，就可以切换不同的显示模式。

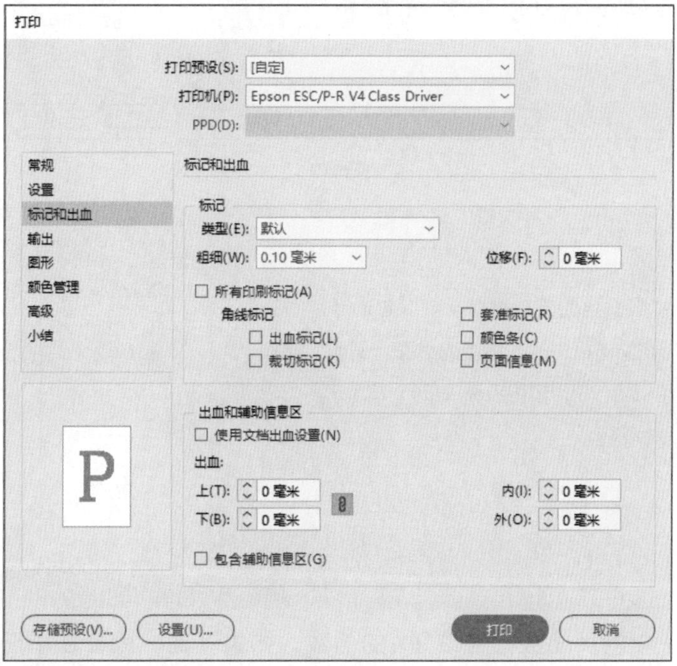

图6-15

6.2.3 打印小册子

打印有很多跨页的画册或宣传手册就会涉及拼版的问题，如图6-16所示。不熟悉拼版没有关系，因为InDesign为我们提供了打印小册子功能。

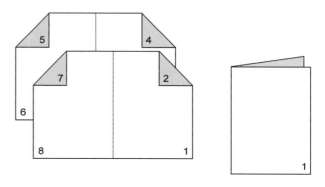

图6-16

执行【文件】|【打印小册子】命令，在打开的对话框中先选择【小册子类型】，然后单击下方的【打印设置】按钮，如图6-17所示。

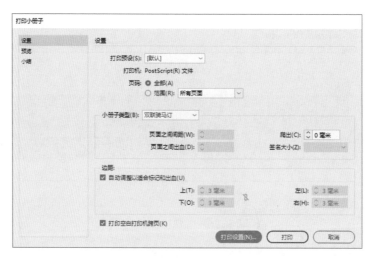

图6-17

> ### 技 巧
>
> 如果不想拼版文档的所有页面，可以勾选【范围】单选按钮，然后在文本框中输入指定的页面。例如，键入【1-3,8】就只用1、2、3、8页拼版，如图6-18所示。

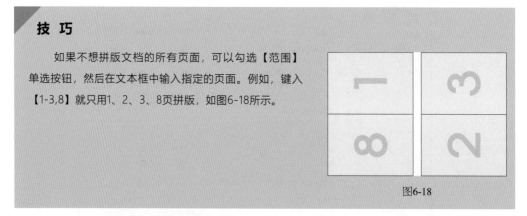

图6-18

另外，小册子中的页面数量应该是4的倍数。如果不是，就会在小册子中创建空白页面，如图6-19所示。

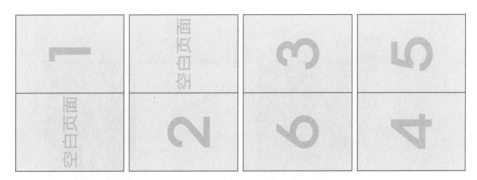

图6-19

在【打印】对话框中按照打印单页稿件进行设置，需要注意的是，由于小册子打印的是跨页，所以打印纸张的尺寸应该是文档页面的一倍，打印的页面方向也要与文档的页面方向相反，如图6-20所示。比如，文档的页面大小为A5，方向为纵向，在打印设置中就要将纸张大小设置为A4，方向为横向。

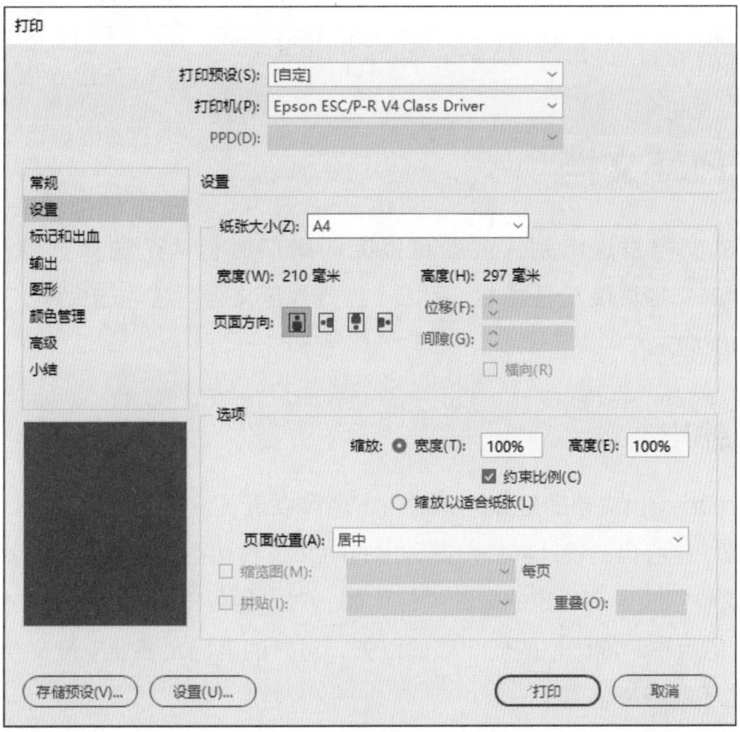

图6-20

设置好打印参数后，在【打印小册子】对话框中单击【预览】选项卡，通过滑块就能够看到拼版结果，如图6-21所示。

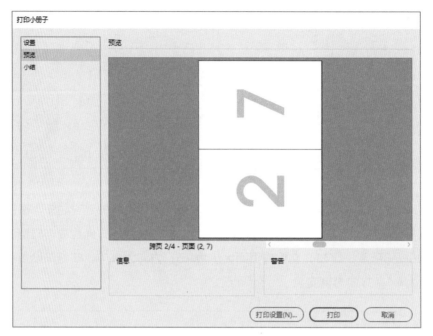

图6-21

6.3 导出PDF文档

把设计好的文档发送给别人或者是提交印刷厂时有两个选择。第一个选择是将InDesign保存的文档直接发送过去，第二个选择是把文档内容导出为PDF文件，然后将PDF文件发送给对方。

6.3.1 打包输出

直接发送InDesign文档的好处是，对方不但可以查看设计，还可以编辑修改。如果你不熟悉印刷行业，担心自己设计的稿件或导出的PDF文件达不到印刷要求，就可以采用这种方式。当然，这种方式也有一定的局限性。比如，对方也要安装InDesign才能打开文档，而且InDesign的版本不能比你的低。除此以外，对方的电脑上还要安装文档用到的所有字体，图像文件也不能缺失。

利用嵌入字体和嵌入图像功能可以解决资源缺失的问题，但是不太适合图书、杂志等页数和素材很多的文档，不但操作起来很麻烦，而且仍然有可能产生疏漏。最好的解决方法就是把文档连同所有素材一同打包输出。

执行【文件】|【打包】命令，在打开的对话框中检查文档的字体、图像链接、颜色和打印设置，确认没有问题后单击【打包】按钮，如图6-23所示。

提 示

InDesign CC可以将文档保存为InDesign CS4可以打开的IDML文件，如图6-22所示。这种方法虽然可以解决版本兼容的问题，但是偶尔会发生文档内容改变的情况，因此正式提交设计时不建议采用。

图6-22

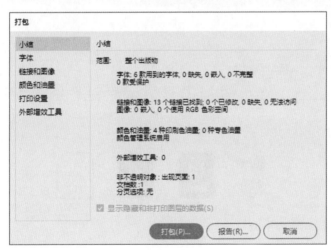

图6-23

在弹出的【打印说明】对话框中输入文档说明、打印说明等信息，然后单击【继续】按钮，如图6-24所示。

接下来选择打包文件的保存路径，在【打包出版物】对话框的下方可以选择打包哪些内容，最后单击【打包】按钮，如图6-25所示。

在打包路径中，【Document fonts】文件夹中包含了文档使用的所有字体文件，【Links】文件夹中包含所有的图像素材，IDML格式的文件是InDesign的低版本文档，INDD格式的文件是InDesign CC的文档，如图6-26所示。

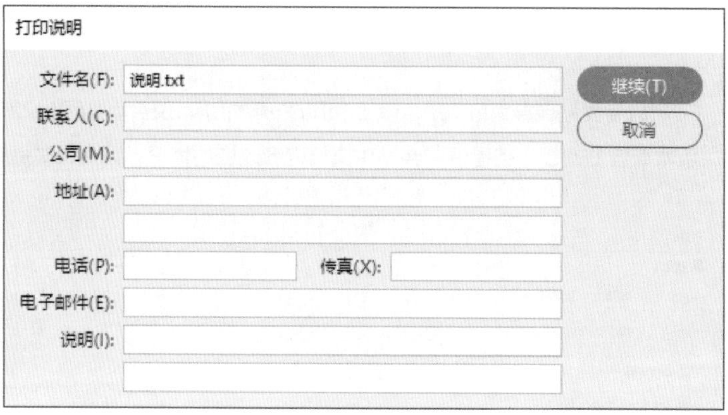

图6-24

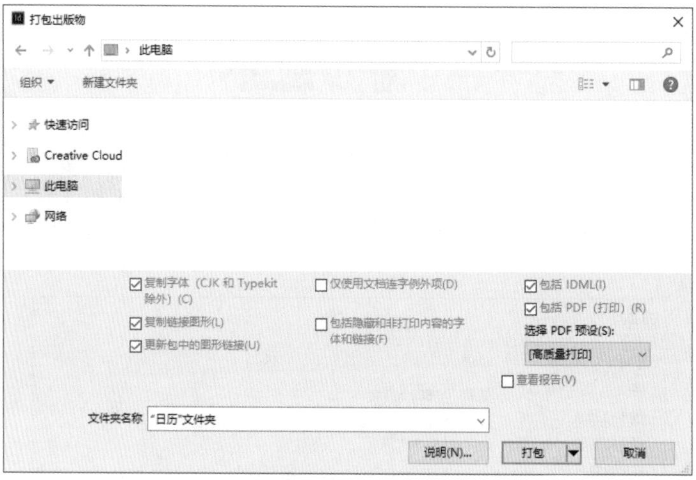

图6-25

图6-26

6.3.2 文字转曲导出

转曲就是将文字转换成形状，目的是避免输出的文档发生字体缺失问题。因为文字转曲后就不能编辑修改了，所以转曲之前一定要检查核对。文字转曲的方法有两种，第一种方法是选中文本框架后执行【文字】|【创建轮廓】命令，文本框架中的文字就会转换成形状。

如果文档中包含大量文字，那么使用第一种方法转曲会非常麻烦，这时就要使用第二种转曲方法，就是输出PDF文件时一次性将文档中的所有文字转曲。具体的操作方法是展开【页面】面板，双击【A-主页】进入编辑模式，如图6-27所示.

在主页上创建一个任意大小的矩形形状，然后在【效果】面板中设置形状的【不透明度】参数为0，如图6-28所示。

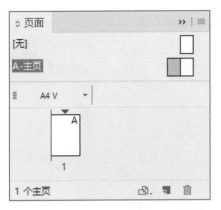

图6-27

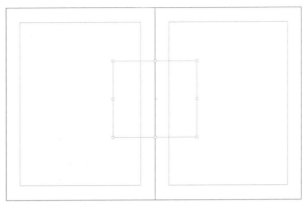

图6-28

执行【编辑】|【透明度拼合预设】命令，在打开的对话框中单击【新建】按钮，然后设置【栅格/矢量平衡】为100，【线状图和文本分辨率】为1200ppi，【渐变和网格分辨率】为400ppi。勾选【将所有文本转换为轮廓】和【将所有描边转换为轮廓】复选框后单击【确定】按钮完成设置，如图6-29所示。

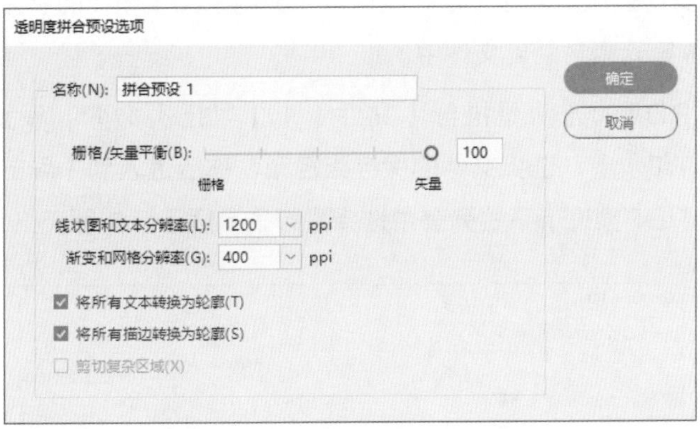

图6-29

执行【文件】|【导出】命令，在【导出Abode PDF】对话框中设置【兼容性】为【acrobat4（pdf1.3）】。单击【高级】选项卡，在【预设】下拉列表中选择上一步设置的透明度拼合预设，如图6-30所示。单击【导出】按钮，所有文字就转换成曲线了。

提 示

由于转曲会使文字失去编辑能力，所以书籍类的文档不建议进行转曲操作，否则一旦文稿内容需要修改就会非常痛苦。一般来说，只有某些受保护的字体无法嵌入到PDF中，或者个别使用特殊字体的标题才会转曲。

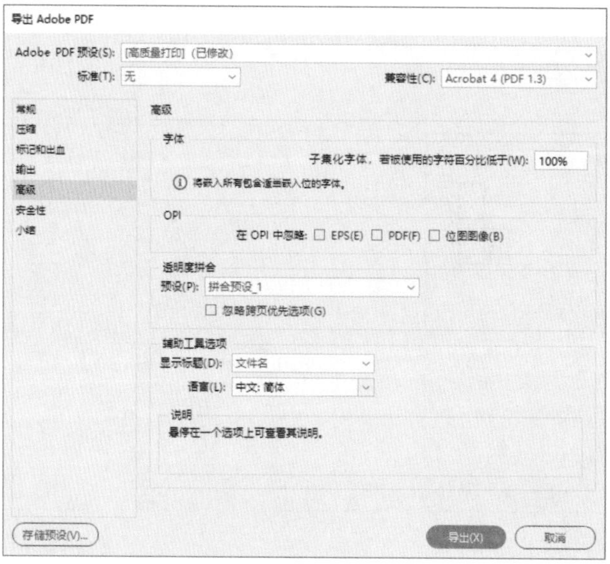

图6-30

6.3.3　导出印刷品质PDF

发布和提交设计文档，常规的方式就是导出PDF文件。作为一种跨平台的文件格式，PDF的优点是广受支持且压缩算法灵活，既可以生成用来阅读浏览的小体积文档，又能将文字、格式和图形图像等元素封装到文件中。

导出印刷品质PDF的方法是执行【文件】｜【导出】命令，设置【保存类型】为【Abode PDF（打印）】，选择文件的保存路径和名称后进入到【导出Abode PDF】对话框。在【Abode PDF预设】下拉列表中选择【印刷品质】，如图6-31所示。

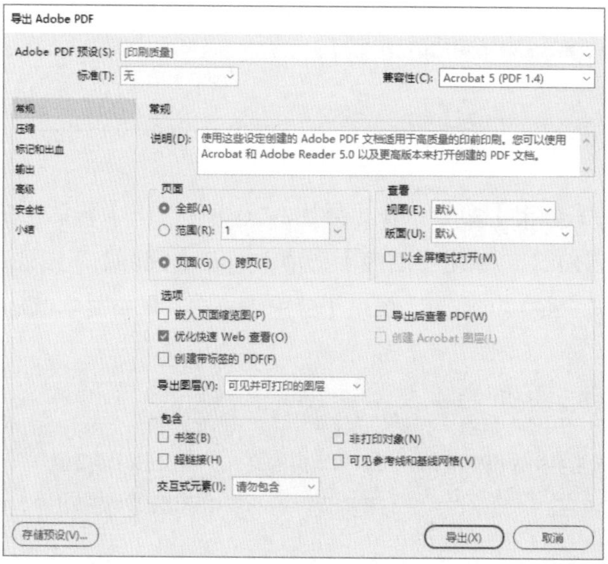

图6-31

继续单击【压缩】选项卡，设置所有图像均为【不缩减像素采样】，【压缩】均为【无】，如图6-32所示。

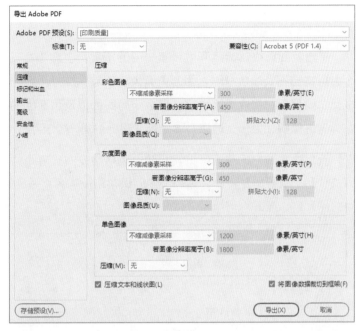

图6-32

不压缩图像虽然会大幅度增加文档的体积，但是可以输出最高品质的图像。如果你对各种印刷品的图像分辨率要求不够熟悉，不压缩图像是最保险的选择。

单击【标记和出血】选项卡，勾选【裁切标记】、【出血标记】和【套准标记】复选框，其余的选项可以根据具体的需要选择。确认【使用文档出血设置】复选框被勾选，单击【导出】按钮就可以生成PDF文件，如图6-33所示。

图6-33

6.4 上机练习

有始就要有终，请打开附带素材中的【案例】|【上机练习】|【06.indd】文档。这个台历文档不太适合打印，因为页面大小不是标准打印纸的尺寸，打印后需要裁切才能得到成品。要是现在修改页面大小，那么所有页面以及页面上的所有对象几乎都要重新调整。现在你应该理解，为什么选择开本是版式设计的第一个环节，以及合理选择开本的重要性。

1 我们这次练习的目标是把文档输出为网络发布或者是给客户查看效果的PDF文档。执行【文件】|【导出】命令，选择文件的保存路径和名称后设置【保存类型】为【Abode PDF（打印）】，如图6-34所示。

图6-34

2 在【Abode PDF预设】下拉列表中选择【高质量打印】，在【兼容性】下拉列表中选择【acrobat4（pdf1.3）】，在【视图】下拉列表中选择【适合页面】，在【版面】下拉列表中选择【双联连续（对开）】。继续勾选【嵌入页面缩略图】和【导出后查看PDF】复选框，如图6-35所示。

图6-35

　　这些设置不会影响到PDF文件的质量和体积，但是能让导出后的PDF文件查看起来更加舒适。兼容性选项用来适配PDF阅读器的版本，在网络发布文档的话，尽量将版本设置的低一些。

3　单击【压缩】选项卡，这里的设置参数保持默认即可，如图6-36所示。文本和图形都是无损缩放且体积很小的矢量对象，因此导出文档的质量高低主要由图像的品质决定。图像的品质和文档的体积又是一对矛盾体，图像的品质越高，导出的文档体积就越大，自然不利于网络传输和发布。

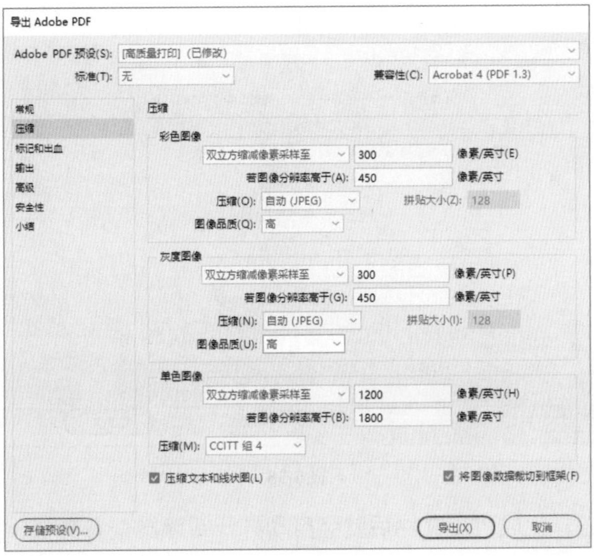

图6-36

4　单击【标记和出血】选项卡，如果导出的文档不用于印刷，就没有必要设置标记和出血，因此可以取消所有复选框的勾选，如图6-37所示。

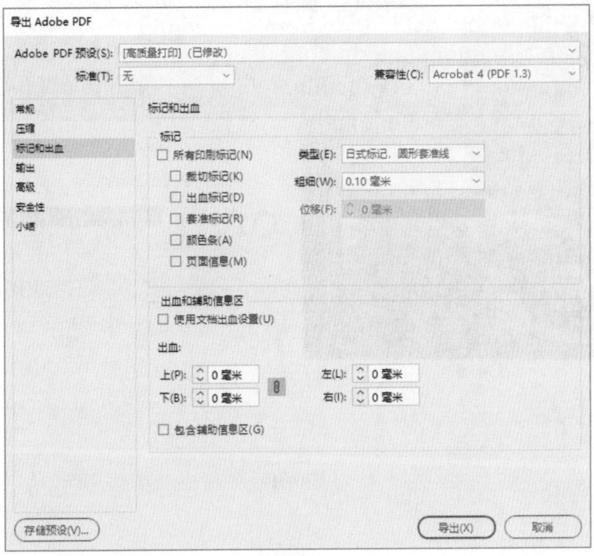

图6-37

5 单击【安全性】选项卡，在这里勾选【打开文档所要求的口令】复选框，然后在【文档打开口令】文本框中输入密码，这样就可以为PDF文档加密，如图6-38所示。

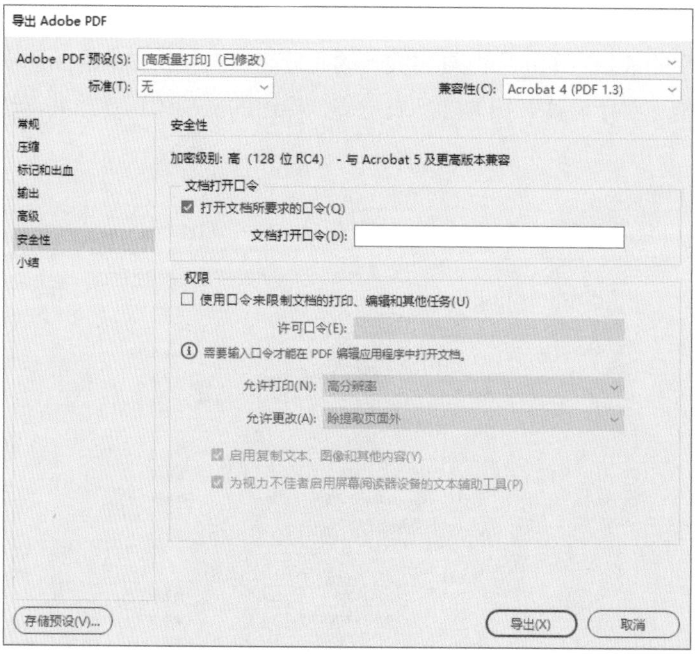

图6-38

6 单击【导出】按钮，生成PDF文件后就会自动打开阅读器查看文档，如图6-39所示。

图6-39

InDesign CC
排版设计全攻略（视频教学版）

第 7 章
折页传单设计案例

通过前面几章的学习，

我们已经对InDesign CC的各项功能有了比较全面的了解。

可是会操作软件不等于能设计作品，

参照别人的作品练习时还没有太多感觉，

一旦离开参照，很多朋友就会感到无所适从。

对出初学者来说，这是很正常的现象，

现在就让我们进入到实战阶段，

通过制作几个具有代表性的完整案例，

不但可以巩固已经学习过的内容，

积累实际工作经验，

更重要的是了解版式设计的流程和思路。

宣传单是一种简单、直接、平价实用的宣传方式，每逢店铺开业、举办促销活动的时候，中小店铺的商家都会将派发传单作为主要宣传手段。宣传单的种类很多，设计形式也很丰富，可以是单页，也可以做成多页，本例就以三折页为例，学习宣传单类印刷品的设计思路和制作流程，效果如图7-1所示。

图7-1

7.1 宣传单的设计流程

无论哪种类型的平面设计，完整的设计流程都要经过前期分析、设计准备、版式设计和排版制作四个步骤。

7.1.1 确定设计要点和风格

设计平面作品的第一个步骤是明确设计内容和设计目的。接到设计任务后，首先要做的是分析客户提出来的设计要求，同时还要研究客户的企业背景、产品定位、目标受众等信息。假设我们为一家女性健身俱乐部制作短期投放的开业宣传三折页，简单了解一下这个行业就会发现，女性健身俱乐部的目标受众主要是30~45岁区间的高学历消费群体，这类人群普遍偏好简洁、时尚的设计风格。

设计宣传单的最终目的是帮助客户推销产品，促进销售。为了达到这个目的，除了使用视觉手段引起注意以外，还要提炼出设计要点，通过卖点打动观众，从而实现转化。女性健身的主要动机是追求健康和身材，再结合俱乐部新开业的特点，设计要点自然要放在健康美体和开业优惠上。

　　宣传单的幅面和纸张类型也是必须考虑的问题。常规的宣传单成品尺寸是大度8开和大度16开，如果采用非标准幅面会浪费纸张，提高印刷成本，不适合短期大量投放。在纸张类型方面，三折页通常采用157g铜版纸，纸张克重超过157g很容易在折叠过程中出现爆边现象。

　　梳理出基本思路后，我们不妨列个表格总结一下。

项目名称	女性健身俱乐部三折页宣传单
纸张规格	大度16开（285mm×210mm），157g铜版纸
目标受众	年轻白领女性
设计风格	简约时尚
设计要点	纤体从运动开始，开业会员优惠

7.1.2　按印刷标准处理图像

　　设计准备阶的主要任务是收集整理素材。收到客户提供的资料后先检查设计信息是否齐全，文案有无错漏，图像能否满足印刷需要，LOGO是否为矢量格式。如果某些素材客户无法提供，还要自行收集整理。

　　宣传单的印刷分辨率为300ppi，为了保证印刷质量，所有图像素材都要经过Photoshop处理。以后设计画册或图书时，往往要处理上百张图像。为了提高效率，这里介绍一下批量处理图像的方法。

1 首先把所有图像素材复制到一个文件夹中，运行Photoshop后打开文件夹中的任意一张图像，单击【动作】面板中的█按钮，在弹出的对话框中取个易于识别的动作名称，然后单击【记录】按钮，如图7-2所示。

图7-2

2 执行【图像】｜【模式】｜【CMYK颜色】命令转换颜色模式。继续执行【图像】｜【图像大小】命令，在弹出的对话框中取消【重定图像像素】复选框的勾选，然后设置【分辨率】参数为300，如图7-3所示。

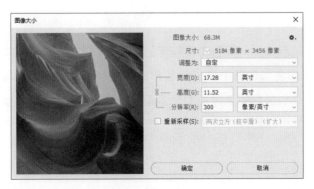

图7-3

3 执行【文件】|【存储】命令，设置图像的保存格式为TIFF，单击【确定】按钮保存图像后在【动作】面板中单击■按钮停止记录动作，如图7-4所示。

4 执行【文件】|【自动】|【批处理】命令打开设置对话框，在【动作】下拉列表中选择刚刚创建的动作，单击【选择】按钮选择图像素材所在的文件夹，在【目标】下拉列表中选择【存储并关闭】。单击【确定】按钮，Photoshop就会按照设置好的动作处理文件夹中的所有图像，如图7-5所示。

图7-4

图7-5

7.1.3 创建配色并选择字体

设计准备阶段的另一项任务是确定宣传单的配色和字体。色彩和字体是最基本的视觉要素，如果客户提供了规范设计要素的视觉识别手册，那么设计宣传单时采用手册中的标准色彩和标准字体是稳妥的选择。客户没有视觉识别系统的话，可以按照下面的思路确定。

❑ 确定主色

色彩有着强烈的暗示作用，而且每种特定的行业，都有相似的色彩使用倾向性。因此，选择主色时要综合考虑色彩的象征意义和客户的行业特点。比如红色象征热情、活力和自信，适合作为女装、化妆品和餐饮行业的宣传单主色。红色还是喜庆的颜色，每逢节日或开展重要促销活动时，都可以用红色营造氛围，如图7-6所示。

图7-6

蓝色象征冷静、理智和信赖。低彩度的蓝色可以营造出安稳、可靠的氛围,适合青年服装、母婴用品和家居类的商品。高彩度的蓝色可以产生比较严肃的气氛,适合作为男装、家电和科技行业的宣传单主色,如图7-7所示。

图7-7

绿色象征着自然、环保和健康。与食品、保健品相关的企业或店铺都喜欢借助绿色体现商品的自然感和品质感,如图7-8所示。

图7-8

黑色象征着高贵、成熟和沉着，在奢侈品、高档电子商品和高档服饰行业中，通常会利用灰黑色调塑造高端品牌形象，如图7-9所示。

 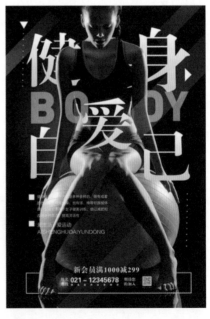

图7-9

□ **选择搭配颜色**

包括主色在内，宣传单上的色彩数量最好控制在3～5种之间。色彩的数量过少，设计出来的效果会显得苍白无力；色彩的数量过多，设计效果就会变得混乱且难以控制。色相环是选择搭配色彩的有力工具，在色相环上，色相之间的夹角越大，色彩的对比就越强烈。我们可以使用InDesign的【Abode Color Themes】面板轻松选择配色，具体的使用方法会在后面的实例中详细介绍，如图7-10所示。

图7-10

主色不一定是版面中面积最大的色彩，而是最能揭示和反映商品或行业定位的色彩。本例根据客户的目标人群定位，采用了代表时尚、美丽、年轻的洋红色作为主色，使用深灰色作为搭配色，如图7-11所示。

图7-11

❑ 选择字体

宣传单使用的字体数量也不宜过多。通常使用两种中文字体，分别用于标题和内文，英文字体或艺术字体的数量视具体实际情况而定。健身类的宣传单偏好使用笔画较粗或棱角分明的字体，考虑到主要针对女性客户的特点，本例选择了偏向纤细的正文字体和线条较圆滑的标题字体，如图7-12所示。

标题字体 ——————— 　　内文字体 ———————

造字工房典黑　　汉仪旗黑

英文字体 ——————— 　　英文字体 ———————

GEOMETRIA　　**POPPINS**

图7-12

7.1.4　内容安排和版式提炼

经过前面几个步骤后，项目的幅面、图像、色彩和字体都大致确定下来了。在版式设计阶段，我们就要对这些设计要素进行搭配和整合，利用视觉手段吸引目标受众的注意并且向他们传达信息。

❏ 版面构图

版式设计从基本几何形状入手，再设计版面的构图方式。比如，矩形是一种四平八稳、中规中矩的构图方式，这种构图方式的优点是传统性强，符合大多数人的视觉习惯，而且上手简单，新手也可以很好地驾驭。矩形构图的缺点是视觉效果稍显单调，难以快速吸引注意，如图7-13所示。

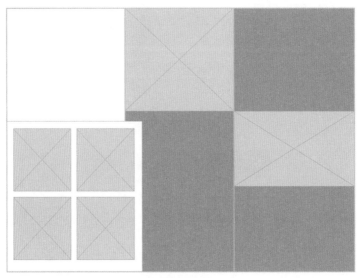

图7-13

曲线构图的特点是画面比较生动，富有空间感。运用得当的话，可以将整个页面的内容连接起来，形成统一的整体。这种构图方式经常被运用在母婴用品、教育培训、化妆保健等类型的宣传单中，如图7-14所示。

图7-14

　　三角形构图具有安定、均衡又不失灵活性的特点，可以产生比较强烈的视觉冲击和力量感，在体育运动、科技产品和汽车广告中运用得比较频繁，本例就采取了这种构图方式，如图7-15所示。

图7-15

❑ 划分页面功能

　　与常规的单页宣传单有所不同，三折页是按照一定规律折叠起来的，观众的阅读顺序是先看封面，然后打开看内页，再卷起来看内折页，最后看封底。常规的套路是按照图7-16所示的顺序划分页面功能，引导观众一步步阅读内容。

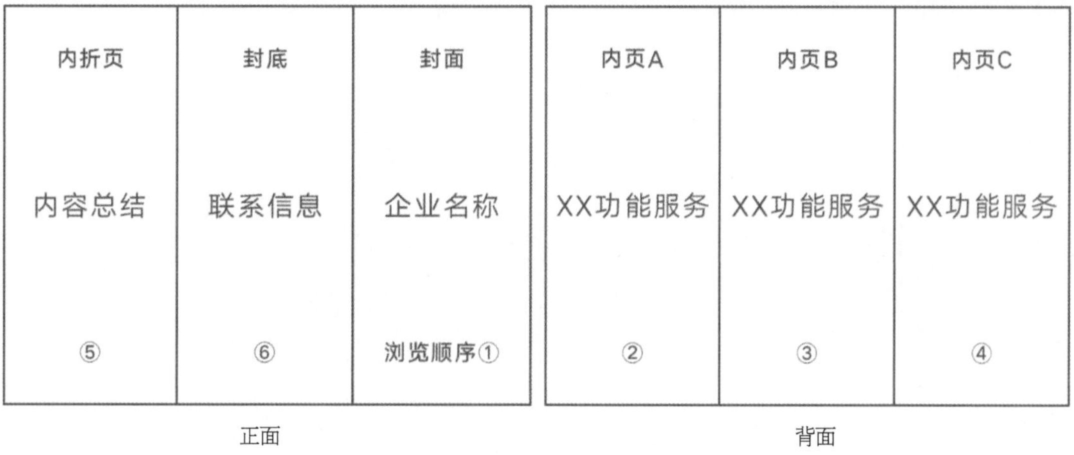

内折页	封底	封面	内页A	内页B	内页C
内容总结	联系信息	企业名称	XX功能服务	XX功能服务	XX功能服务
⑤	⑥	浏览顺序①	②	③	④

正面　　　　　　　　　　　　　　　　　背面

图7-16

7.2 三折页的制作步骤

所有的准备工作都完成了，剩下的事情就是如何实现我们的构思，利用InDesign把三折页制作出来。

7.2.1 创建模板和参考线

1 运行InDesign，单击开始工作区中的【新建】按钮打开【新建文档】对话框。为了方便以后再次设计三折页，我们最好创建一个文档模板。在右侧的【预设详情信息】窗格中单击 按钮，如图7-17所示。

图7-17

2 输入预设名称"三折页"，设置页面的【宽度】为285毫米，【高度】为210毫米，【页面】数量为2，取消【对页】复选框的勾选，如图7-18所示。

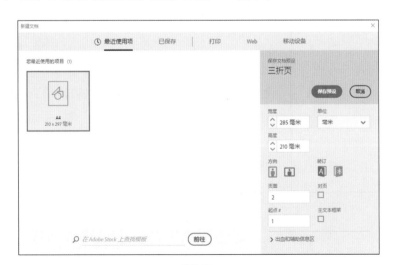

图7-18

3 单击【保存预设】按钮生成预设模板，然后单击对话框下方的【边距和分栏】按钮。在打开的【新建边距和分栏】对话框中激活 🔗 按钮，设置【边距】选项组中的所有参数均为10毫米，如图7-19所示。

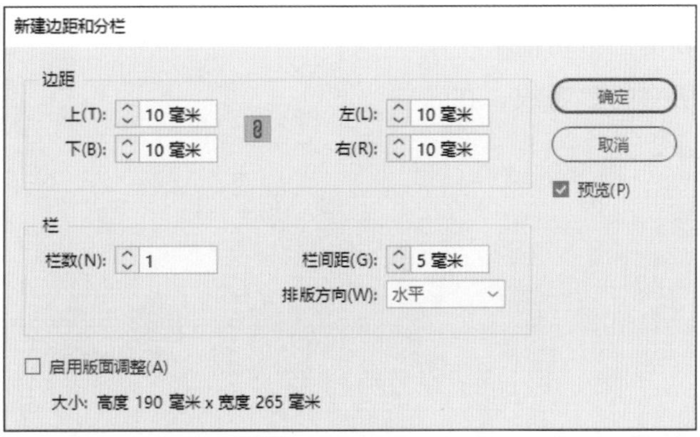

图7-19

4 三折页印刷出来后需要折叠，如果将页面设置成三个等分栏，成品折叠起来后封面就会短一截。常用的关门折应该按照图7-20所示的尺寸划分页面。

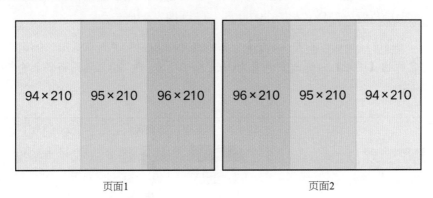

页面1   页面2

图7-20

5 在垂直标尺上拖动鼠标创建一条参考线。在【控制】面板中设置【X】参数为94毫米。复制这条参考线，在【X】参数后面输入－5后按下回车键。再次复制第一条参考线，在【X】参数后面输入＋5，结果如图7－21所示。

图7-21

6 复制创建好的三条参考线，在【控制】面板的【X】参数后面输入＋95，这样第一个页面的参考线就创建完成了，如图7-22所示。将第一个页面上的参考线全部复制到第二个页面上，选中第二个页面上所有的参考线，在【X】参数后面输入＋2。

图7-22

7.2.2 创建色板和样式

1 创建好参考线后，为了统一规范和节约操作，接下来应该设置色板和样式。展开【色板】面板，双击第一个预设色板打开选项窗口。取消【以颜色值命名】复选框的勾选后将其命名为【主色】，修改颜色值为CMYK＝10、90、25、0，如图7-23所示。

2 双击第二个色板，将其命名为【副色】，修改颜色值为CMYK＝76、67、62、20。设置第三个色板的名称为【图片】，修改颜色值为CMYK＝0、0、0、20，最后将多余的色板删除，如图7-24所示。

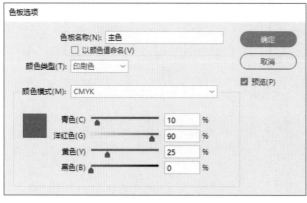

图7-23

图7-24

3 按Ctrl＋F7组合键展开【对象样式】面板，先选中【基本图形框架】，然后单击按钮创建一个新样式。双击新建的样式打开选项对话框，单击【填色】选项，选择【主色】色板。单击【描边】选项，将色板设置为【无】，如图7-25所示。

4 在选项列表中单击【框架适合选项】，在【适合】下拉列表中选择【按比例填充框架】，如图7-26所示。

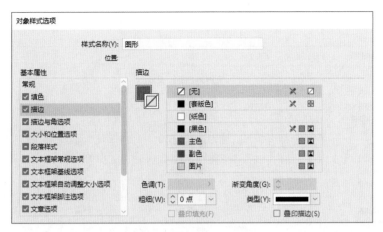

图7-25

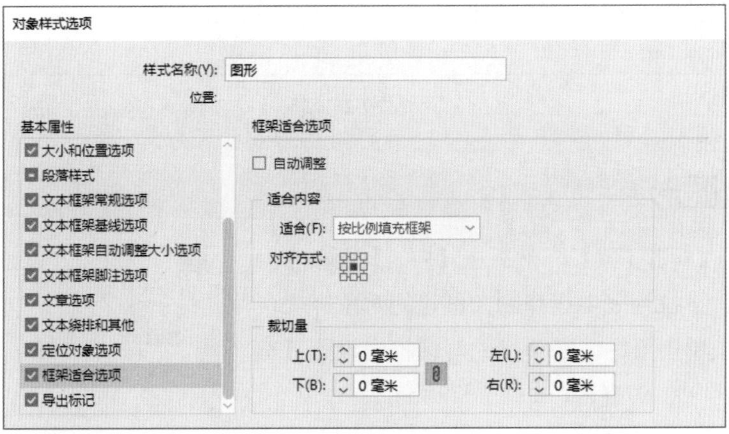

图7-26

5 按F11键展开【段落样式】面板，单击 ◻ 按钮新建样式。双击新建的样式打开选项窗口，将样式名称命名为"正文"。单击【基本字符格式】选项，在【字体系列】菜单中选择汉仪旗黑，在【字体样式】菜单中选择40S，设置【大小】为10点，【行距】为16点，如图7-27所示。

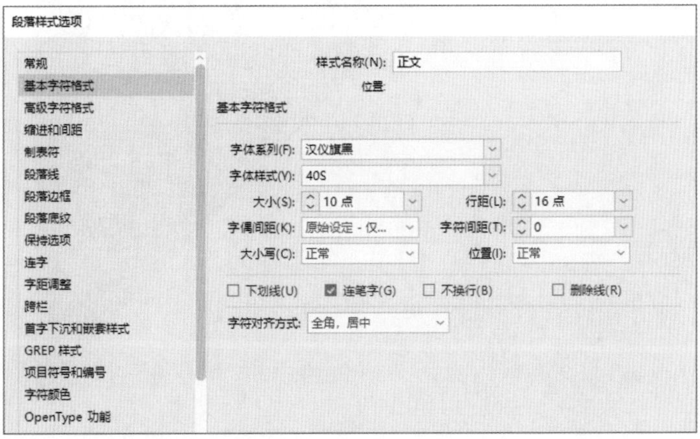

图7-27

6 单击【字符颜色】选项，设置字符颜色为【纸白】，如图7-28所示。

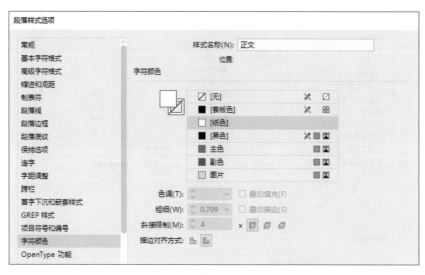

图7-28

7.2.3 创建图形

1 按M键激活【矩形工具】，然后在【控制】面板右侧的【对象样式】下拉列表中选择刚才创建的对象样式。在第一个页面上单击鼠标，在弹出的对话框中设置【宽度】和【高度】均为197毫米，如图7-29所示。

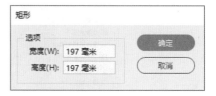

图7-29

2 将矩形的右上角与页面右上角的出血线对齐。激活【工具】面板中的【删除描点工具】，将矩形左下角的锚点删除，这样矩形就变成了三角形，如图7-30所示。

图7-30

3 复制一个三角形，单击
【控制】面板中的 ⧖ 按钮翻
转三角形，然后将其移动到
图7-31所示的位置。

图7-31

4 复制第一个创建的三角
形，将三角形的左上角与页
面左上角的出血线对齐。按
M键激活【矩形工具】，捕
捉出血线和参考线创建一个
矩形，如图7-32所示。选中
新创建的三角形和矩形，单
击【路径查找器】面板中的
⬚ 按钮进行差集运算。

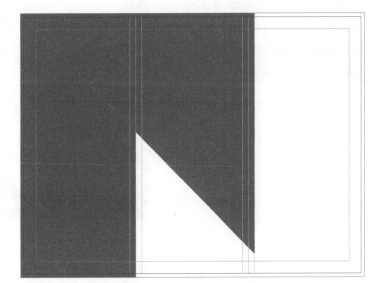

图7-32

5 复制相减操作后得到的
四边形，在【控制】面板上
将参考点设置为左下角。按
住Alt键单击【控制】面板上
的 ⭢ 按钮，在弹出的对话框
中设置缩放值为52%，如图
7-33所示。

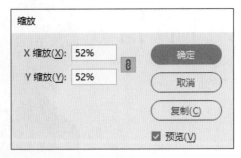

图7-33

6 选中第一个创建的三角形，在【控制】面板中设置填色为【图片】，选中缩小的四边形，设置填色为【纸白】，如图7-34所示。

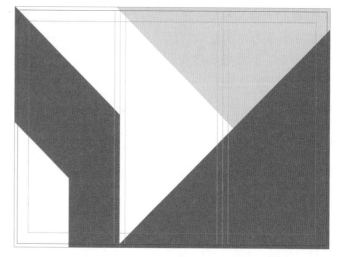

图7-34

7 复制页面右下角的三角形，在【控制】面板中设置填色为【副色】，修改【W】和【H】参数均为143毫米后将其移动到如图7-35所示的位置。

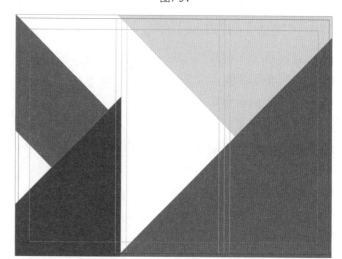

图7-35

8 按M键新建一个矩形，在【控制】中设置填色为【图片】，描边为【纸白】，【描边粗细】为20点。继续设置【旋转角度】为45°，【W】和【H】参数均为95毫米，参照图7-36所示调整矩形的位置。

图7-36

9 切换到第二个页面，捕捉出血线创建一个和页面相同大小的矩形。按P键激活【钢笔工具】，参照图7-37所示绘制一个四边形，然后设置填色为【纸白】。

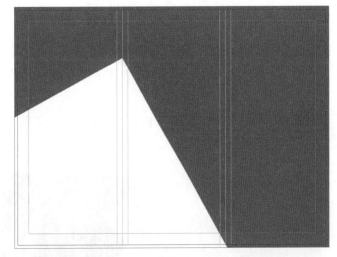

图7-37

10 继续使用【钢笔工具】绘制一个四边形，然后按A键激活【直接选择工具】调整四边形的形状，结果如图7-38所示的，在【控制】面板中设置四边形的填色为【图片】，描边为【纸白】，设置【描边粗细】为6点。调整位置时请注意，四边形上方和右侧的白色描边不要出现在出血线的范围内。

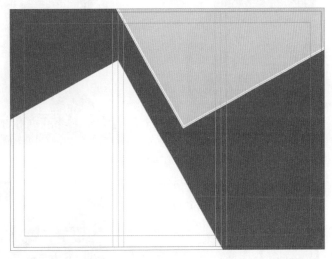

图7-38

11 按M键新建一个矩形，在控制栏中设置填色为【图片】，描边为【纸白】，设置【描边粗细】为3点。继续设置【W】为56毫米，【H】为40毫米，最后将新建的矩形移动到如图7-39所示的位置。

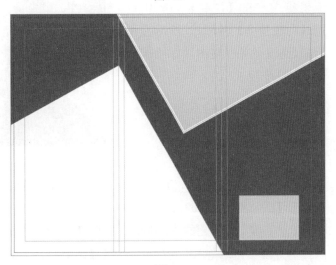

图7-39

7.2.4 置入图像

1 切换到第一个页面，选中填色为【图片】的三角形，按Ctrl＋D组合键置入附赠素材中的【综合案例】｜【宣传折页】｜【Links】｜【001.tif】图像。在图像上双击鼠标进入编辑模式，按住Shift键缩小并调整图片的位置，如图7-40所示。

2 展开【链接】面板，查看【有效PPI】是否大于300，如图7-41所示。如果有效PPI小于300PPI，说明图片不符合要求，需要更换尺寸更大的素材。

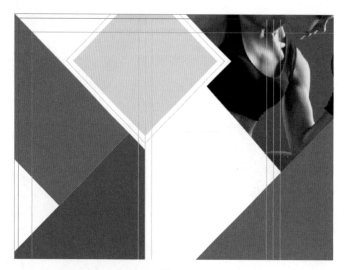

图7-40　　　　　　　　　　　　　　　　　图7-41

3 选择填色为【图片】的矩形，按Ctrl＋D组合键置入【综合案例】｜【宣传折页】｜【Links】｜【002.tif】图像。双击图像进入编辑模式，在【控制】面板中设置【旋转角度】为0°，然后按住Shift键缩小并调整图片，结果如图7-42所示。

图7-42

4 切换到第二个页面，为两个填色为【图片】的矩形分别置入【综合案例】｜【宣传折页】｜【Links】｜【002.tif】和【003.tif】图像。三折页已经基本成型，在页面的空白位置单击鼠标右键，在弹出的快捷菜单中执行【显示性能】｜【高品质显示】命令。继续单击标题栏上的█按钮，在弹出的菜单中选择【预览】，这样可以查看到最接近成品的效果，如图7-43所示。

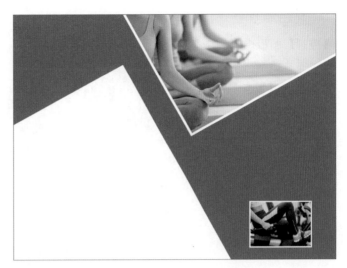

图7-43

5 接下来我们还要补充一些细节。在第二个页面上新建一个矩形，设置填色为【纸白】，描边为【主色】，【描边粗细】为1点，继续设置【W】为35毫米，【H】为10毫米。按L键创建一个【W】和【H】参数均为16毫米的圆形，参照图7-44所示调整两个形状的位置。

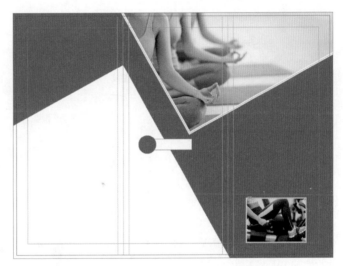

图7-44

6 按T键激活【文字工具】，先在圆形上单击一下鼠标，然后执行【文字】|【字形】命令，在字形面板左下角的下拉菜单中选择【Segoe UI Emoji】字体，找到对号后双击输入，如图7-45所示。

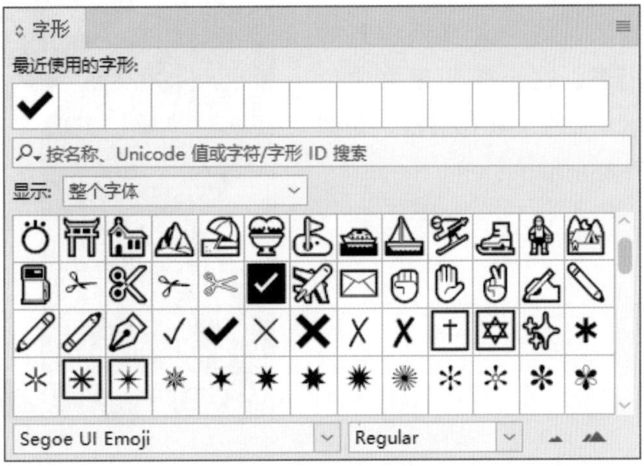

◇ 字形

最近使用的字形：

按名称、Unicode 值或字符/字形 ID 搜索

显示：整个字体

Segoe UI Emoji　　　Regular

图7-45

7 选中对号字符后单击【控制】面板中的☰按钮居中对齐，设置【字体大小】为24点，【填色】为纸白。按Esc键激活【选择工具】，单击【控制】面板上的☰按钮垂直居中对齐，结果如图7-46所示。

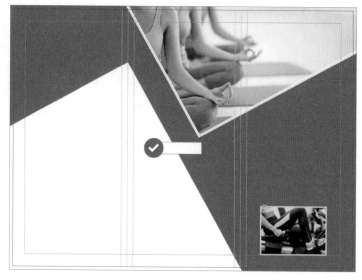

图7-46

8 同时选中新创建的矩形和圆形，执行【对象】|【编组】命令。继续执行【编辑】|【多重复制】命令，在打开的对话框中设置【计数】参数为3，【垂直】参数为23毫米，【水平】参数为10毫米，如图7-47所示。

图7-47

9 切换到第一个页面，捕捉右下角的页边距创建一个【W】和【H】均为20毫米，填色为【纸白】的矩形。这个矩形用来定位LOGO的尺寸和位置，如图7-48所示。

图7-48

10 执行【对象】|【生成QR码】命令打开对话框，在【类型】下拉列表中选择【Web超链接】，输入网站地址或公众号地址后单击【确定】按钮，如图7-49所示。如果你不知道公众号的URL地址，可以百度搜索"二维码解码"，把公众号的二维码图片上传到解码网站就能获取到链接地址。

图7-49

11 按住Shift键拖动鼠标生成二维码图像，然后将其调整到如图7-50所示的位置。宣传单上的二维码是客户转化的重要途径，如果没有特殊需求，尽量使用InDesign的生成QR码功能制作二维码。

图7-50

7.2.5 编排标题和文本

1 在【对象样式】面板中激活【基本文本框架】样式，按T键激活【文字工具】，捕捉参考线和页边距创建一个【H】为65毫米的文本内框架，然后输入封面标题。选中所有的标题文本，设置【字体大小】为12点，【行距】为自动，单击 ☰ 按钮右对齐，如图7-51所示。

图7-51

2 选中前两段文字，设置字体为"Geometria"，【字体大小】为34点，单击☰按钮强制双齐后设置【首行左缩进】参数为10毫米。选中第二段文字，设置【行距】为65点，结果如图7-52所示。

图7-52

3 选中第三段文字，设置字体为"Poppins"，【字体样式】为Medium，【行距】为24点。选中最后一段文字，设置字体为"造字工房典黑"，【字体样式】为细体，【字体大小】为28点，最后单击☰按钮，结果如图7-53所示。

图7-53

4 接下来制作宣传语。在【工具】面板中激活【直排文字工具】，在如图7-55所示的位置创建一个直排文本框架，在文本框架中输入宣传语后设置所有文字的【字体样式】为60S，【字体大小】为20点。

图7-54

5 仅选择第一个文字，在【控制】面板中设置【字体大小】为30点，【字符间距】为−200。选择第二个文字，设置【字体大小】为30点，【基线偏移】参数为26点，【字符间距】为−300，结果如图7−55所示。

图7-55

6 选取其余文字，设置【基线偏移】参数为2点，【网格指定格数】参数为11。单击控制栏最右侧的≡按钮，在弹出的菜单中执行【斜变体】命令打开对话框，设置【放大】参数为15%，结果如图7−56所示。

图7-56

7 切换到第二个页面，按T键激活【文字工具】创建一个文本框架。在【控制】面板中设置【W】为56毫米，【H】为52毫米，【旋转角度】参数为28°。在文本框架中输入宣传语后将其移动到图7−57所示的位置。

图7-57

8 第二个页面上的宣传语和封面标题相同，仍然是利用字体的大小和粗细变化，产生错落有致的标题效果，如图7-58所示。

图7-58

9 接下来创建内页文案的标题。在第二个页面上创建一个文本框架并输入英文标题，设置文字的填色为【主色】，字体为"Geometria"，【字体大小】为18点，如图7-59所示。

图7-59

10 单击【控制】面板右侧的≡按钮，在弹出的菜单中执行【下划线选项】命令打开对话框。勾选【启用下划线】复选框，设置【粗细】为1点，【位移】为6点，在【类型】下拉菜单中选择【圆点】，如图7-60所示。

图7-60

11 在英文标题的下方创建一个文本框架，输入中文标题后设置【字体样式】为60S，【字体大小】为14点，单击☰按钮右对齐。继续在中文标题的下方创建文本框架，输入内文文本后修改填色即可，结果如图7-61所示。

图7-61

12 其余的内容可以直接复制设置好的标题和正文，然后替换文字。这里需要介绍一下阴阳文字的制作方法，由于封底的联系方式与图形重叠，填色也相同，导致部分文字无法显示，如图7-62所示。选中联系方式文字所在的文本框架，按Ctrl＋C组合键复制，选中与文字重叠的三角形后在形状上单击鼠标右键，在弹出的快捷菜单中选择【贴入内部】命令。

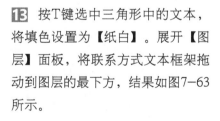

图7-62

13 按T键选中三角形中的文本，将填色设置为【纸白】。展开【图层】面板，将联系方式文本框架拖动到图层的最下方，结果如图7-63所示。

图7-63

7.2.6 转曲与导出设置

1 将文件交厂印刷通常输出为PDF格式。在导出印刷品质的PDF之间，最好先导出普通品质的PDF文件，通过这个PDF文件检查文档的各项设置是否正确，文字有无错漏。使用InDesign导出PDF文件时，一般情况下无需将文字转换为曲线轮廓，但是一些字体有版权保护无法嵌入，导出PDF后文字会显示成圆点，如图7-64所示。无法更换字体的话，可以在InDesign中选取这部分文字，执行【文字】｜【创建轮廓】命令转曲。

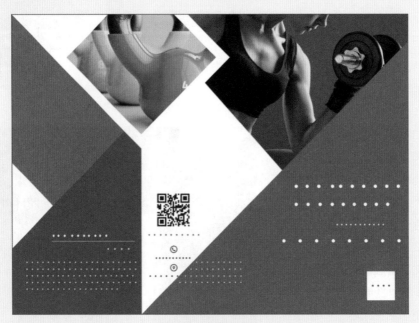

图7-64

2 执行【文件】｜【导出】命令，输入文件名后确认保存格式为【Abode PDF（打印）】，然后单击【保存】按钮，如图7-65所示。

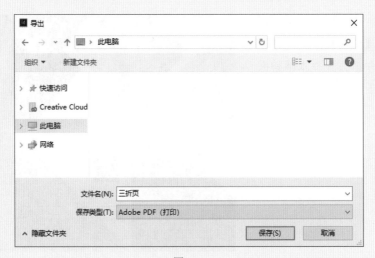

图7-65

3 在对话框上方的【Abode PDF预设】下拉列表中选择【印刷质量】，在【兼容性】下拉列表中选择【Acrobat4（PDF1.3）】，如图7-66所示。

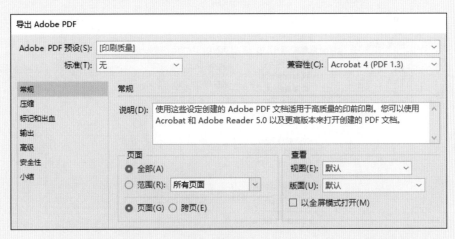

图7-66

4 单击左侧的【压缩】选项，在【彩色图像】和【灰度图像】下拉列表中都选择【不缩减像素采样】，在【压缩】下拉列表中选择【无】，如图7-67所示。

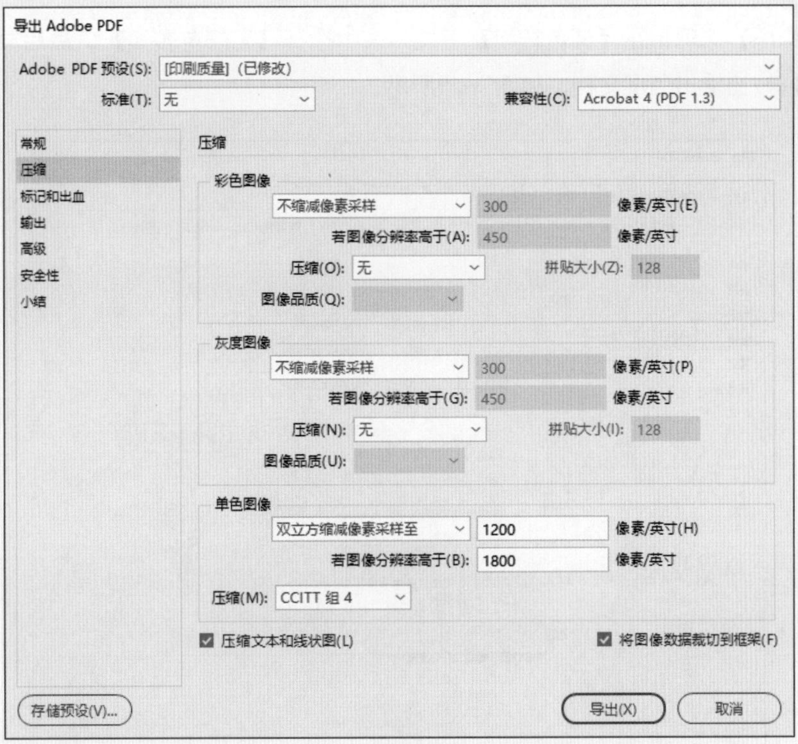

图7-67

5 单击【标记和出血】选项，勾选【裁切标记】、【出血标记】、【套准标记】和【使用文档出血设置】复选框，如图7-68所示。

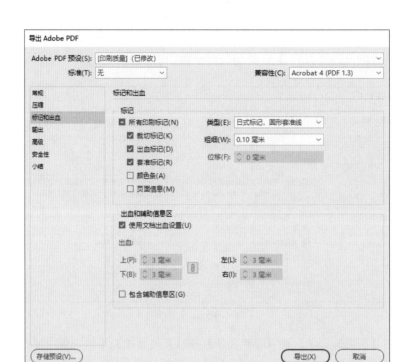

图7-68

6 单击【输出】选项，在【颜色转换】下拉列表中选择【无颜色转换】。最后单击对话框下方的【导出】按钮输出PDF文档，如图7-69所示。

图7-69

InDesign CC
排版设计全攻略（视频教学版）

第 8 章
宣传画册设计案例

按照词典的解释，画册就是装订成册的画。

画册的分类很多，

比较常见的是企业形象画册、产品宣传画册和个人作品画册。

在设计形式方面，画册结合了图书和杂志的特点。

比如，画册的页数虽少，

但它的页面结构和图书一样也分为封面、封底、目录和内页。

画册的内页版式比较接近杂志，

主要讲求图文搭配和版式的多样化。

本章就以旅游公司产品宣传画册为例，学习宣传画册的设计思路和编排方法，实例效果如图8-1所示。

图8-1

8.1 画册设计流程

画册的设计流程和宣传单差不多。第一步是与客户沟通，了解设计需求并且确定画册的开本、页数和纸张。画册的样式有横版、竖版和方型画册三种，尺寸以大度16开居多，也就是横版画册285×210mm，竖版画册210×285mm，方型画册210×210mm或280×280mm。当然，画册的尺寸没有严格规范，不过于浪费纸张均可视为合理尺寸。普通画册多采用骑马钉，总页数必须是4的倍数。装订页数超过36P的画册和高档画册可采用无线胶装或锁线胶装，总页数应该是2的倍数。

第二步是确定设计风格。摄影集、作品集之类的个人画册普遍采用清新、简约的设计风格，这种风格以文字和图像为主，极少使用装饰元素，主要通过低版面率和留白营造风格和氛围。产品宣传画册的设计风格比较多样，展示青年和儿童产品的画册偏好使用三种以上的多色彩配色，让人产生活泼、年轻的感觉。其他类型的产品宣传画册和企业形象画册通常使用单色系，同时结合各种图形的视觉效果，给人以庄重或进取的感受。

8.1.1 设计草图

本例假设为一家旅游公司制作日常赠送客户的海岛游产品宣传画册，成品尺寸为210×210mm，总页数为16页。根据画册的性质，这里选择了单色系结合矩形图形的方案，虽然视觉效果略显平淡，但是整体中规中矩，符合大多数人的视觉习惯。

确定了风格基调后，接下来就要设计版式。由于画册的页数较多，为了便于整理思路，我们最好拿出几张纸，把所有页面的功能划分和布局草绘出来，如图8-2所示。

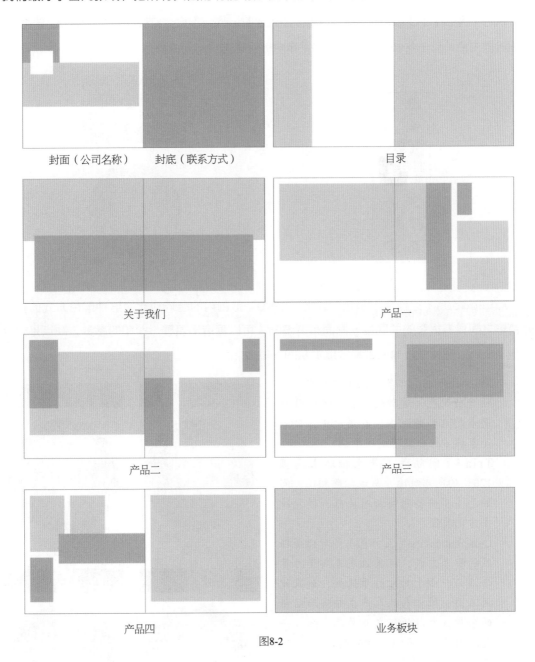

封面（公司名称）　封底（联系方式）　　　　目录

关于我们　　　　　　　　　　　产品一

产品二　　　　　　　　　　　产品三

产品四　　　　　　　　　　　业务板块

图8-2

8.1.2　选择配色

下一步是确定配色和字体。前一章提到过，我们可以从色彩的象征意义、行业特点或者受众的偏好作为出发点，选取具有代表性的色彩作为画册的主色。由于本例宣传的产品是海岛游，低彩度的蓝色是比较理想的选择。

这里再介绍一下选择辅助色的方法。运行InDesign后随意创建一个文档，双击【工具】面板上的填色色板打开拾色器，然后输入主色的颜色值，如图8-3所示。

执行【窗口】|【颜色】|【Adobe Color Themes】命令打开颜色主题面板，单击按钮拾取主色。单击按钮，在弹出的菜单中就可以选择不同的配色方案，如图8-4所示。

图8-3

图8-4

Analogous（近似色）是色相环上间隔90°范围内的色彩对比。这种配色方式的优点是色彩之间具有很强的关联性，画面和谐统一，可以营造出温馨、柔和的感觉。缺点是效果过于平淡，过多使用近似色容易分散观众的注意力。

- Monochromatic（单色调）使用单一色相进行配色，这种配色方案可以让画面看起来和谐统一，有层次感；缺点是掌握不好会显得刻板单调。

- Triad（间隔色）是色相环上间隔120°的色彩对比。与近似色相比，间隔色多了一些明快和对比感，视觉冲击力比较强。

- Complementary（互补色）是对比最强烈的配色方式，视觉效果充满了力量与活力。由于对比过于强烈，如果使用不当，很容易让人产生粗俗和幼稚的感觉，所以最好在互补色中加入一定比例的黑色或白色作为调和。

- Compound（复合色）是互补色的变化版本，利用一组近似色代替一个互补色，这种配色方案同样可以产生比较强烈的对比，但是不会像互补色那样刺目，而且可以让色彩更丰富，如图8-5所示。

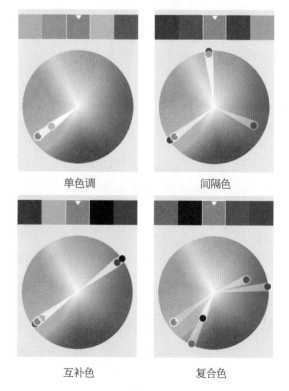

单色调　　　　　　间隔色

互补色　　　　　　复合色

图8-5

8.1.3　选择字体

　　字体的分类方式很多，从设计的角度讲，我们可以把字体分为衬线体、等线体和艺术体三种类型。衬线体就是笔画开始和结束的地方有额外装饰的字体，英文的Time New Roman字体和中文的宋体就是典型的衬线体。设计衬线体的初衷是为了提高字体的识别率和阅读速度，特别是字体比较小的公告或商品介绍内文，使用衬线体可以有效加强文字的视觉参照。

　　等线体是无衬线字体的一种，这种字体完全抛弃了文字的起手和收笔，笔画的粗细也相差不多，可以在屏幕上十分清晰地显示。英文的Arial字体和中文的雅黑字体就是比较典型的等线体。相比严肃的衬线体，等线体给人休闲、轻松的感觉，主要用在标题和广告语中。

　　艺术体是在基本字形的基础上经过艺术加工而形成的字体，这种字体的特点是既符合文字的含义，又具有美观、醒目和张扬的特性。劲黑体、尚黑体、海报体都是版式设计中比较常用的艺术字体。艺术字体在一定程度上摆脱了字形和笔画的约束，可以达到加强文字精神含义和赋予感染力的目的，主要用在需要重点突出的标题上，如图8-6所示。为了配合布局风格，本例选择字重丰富的汉仪旗黑家族作为正文和标题的字体。

图8-6

8.2　画册制作步骤

　　到了这里，这本画册应该怎么设计相信大家已经心中有数了，剩下的编排和细节完善工作还是要交给InDesign完成。

8.2.1　创建文档和色板

1　运行InDesign，单击开始工作区中的【新建】按钮打开【新建文档】对话框。单击【预设详情信息】窗格中的▲按钮，输入预设名称"画册210×210"，设置【宽度】和【高度】均为210毫米、【页面】数量为16，如图8-7所示。

2　展开【出血和辅助信息区】卷展栏，单击 按钮取消锁定后设置【内】出血参数为0毫米，如图8-8所示。单击【保存预设】按钮后单击【边距和分栏】按钮。

图8-7

图8-8

3 在【新建边距和分栏】对话框中设置【上】、【内】、【外】边距均为10毫米，设置【下】边距为20毫米，单击【确定】按钮生成文档，如图8-9所示。

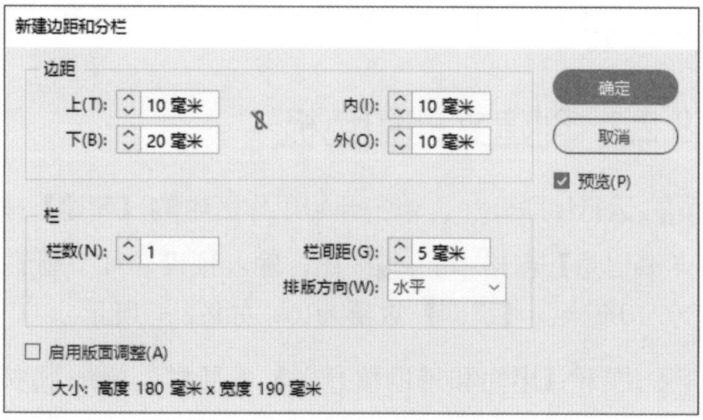

图8-9

4 展开【色板】面板，双击第一个预设色板打开选项对话框。取消【以颜色值命名】复选框的勾选，然后将其命名为【主色】，修改颜色值为CMYK＝77、18、44、0，如图8-10所示。

色板选项	
色板名称(N): 主色	确定
□ 以颜色值命名(V)	取消
颜色类型(T): 印刷色	□ 预览(P)
颜色模式(M): CMYK	
青色(C) 77 %	
洋红色(G) 18 %	
黄色(Y) 44 %	
黑色(B) 0 %	

图8-10

5 执行【窗口】｜【颜色】｜【Adobe Color Themes】命令打开颜色主题面板，单击 按钮拾取颜色，继续单击 按钮，在弹出的菜单中选择【Monochromatic】，如图8-11所示。

6 单击左数第二个色板，然后单击 按钮将颜色添加到【色板】面板中，如图8-12所示。

图8-11

图8-12

7 在【色板】面板中将获取的色板命名为【副色】。双击下一个预设色板，将其命名为【文字】后修改颜色值为CMYK＝70、60、60、40。继续修改其余两个预设色板的颜色值为CMYK＝0、0、0、10和CMYK＝0、0、0、30，如图8-13所示。

◊ 色板	≫ ｜ ≡
■ T	色调: 100 > %
⁄ [无]	✕ ⁄
■ [套版色]	✕ ▦
□ [纸色]	
■ [黑色]	✕▣▣
■ 主色	▣▣
■ 副色	▣▣
■ 文字	▣▣
□ C=0 M=0 Y=0 K=10	▣▣
□ C=0 M=0 Y=0 K=30	▣▣

图8-13

8 按F11键展开【段落样式】面板，单击口按钮新建一个样式。双击样式名称打开对话框，将样式名称命名为"正文"。单击【基本字符格式】选项，在【字体系列】菜单中选择"汉仪旗黑"，在【字体样式】菜单中选择40S，设置【大小】为10点，【行距】为21点，在【大小写】菜单中选择【全部大写字母】，如图8-14所示。

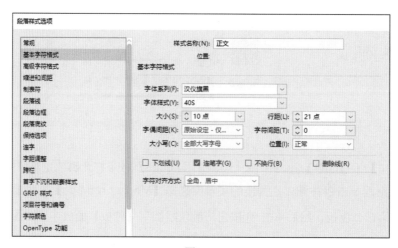

图8-14

9 单击【字符颜色】选项，选取【文字】色板后单击【确定】按钮完成段落样式的设置，如图8-15所示。

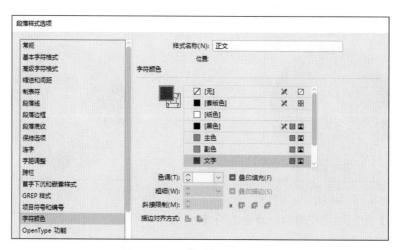

图8-15

10 按Ctrl+F7组合键展开【对象样式】面板，选中【基本图形框架】后单击口按钮创建一个新样式，如图8-16所示。

图8-16

11 双击新建的对象样式打开对话框，单击【填色】选项，选择【主色】色板。单击【描边】选项，将色板设置为【无】。单击【框架适合选项】，在【适合】下拉列表中选择【按比例填充框架】，如图8-17所示。

图8-17

12 继续单击【透明度】选项，在【模式】下拉列表中选择【正片叠底】，单击【确定】按钮完成设置，如图8-18所示。

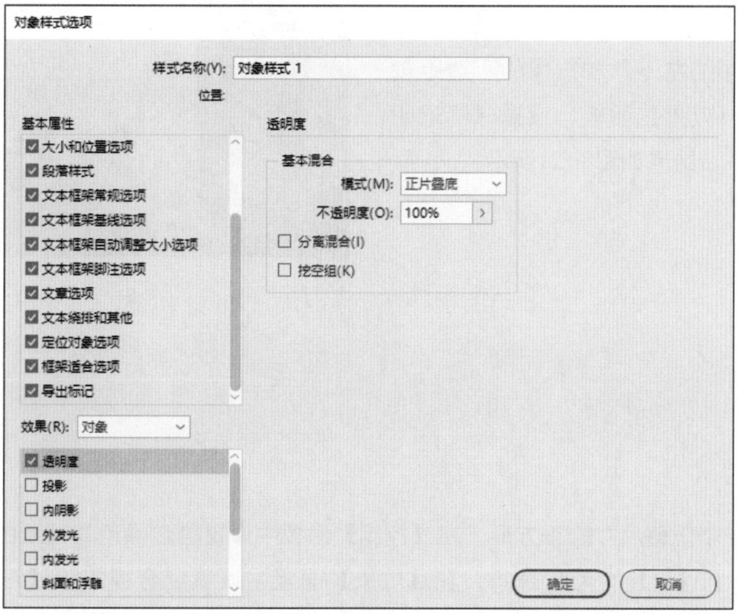

图8-18

8.2.2 版面框架布局

1 按M键激活【矩形工具】，在第一个页面上单击鼠标，创建【宽度】为65毫米，【高度】为63毫米的矩形，将矩形与页面左上角的出血线对齐，如图8-19所示。

图8-19

2 捕捉矩形的左下角和页面右边距创建形状。在【控制】面板中将参考点设置为左上角，然后设置【H】为75毫米，如图8-20所示。

图8-20

3 按Ctrl+D组合键置入附赠素材中的【综合案例】｜【宣传画册】｜【Links】｜【001.tif】图像。再次按M键激活【矩形工具】，捕捉矩形的左下角和图像的下边距创建矩形，展开【效果】面板，设置【不透明度】参数为75%，结果如图8-21所示。

图8-21

4 继续创建一个任意尺寸的正方形。在【控制】面板中设置描边颜色为【纸白】、【粗细】为4点，【W】和【H】均为40毫米。在【效果】面板中设置混合模式为【正常】，然后按Ctrl+D组合键置入附赠素材中的【综合案例】｜【宣传画册】｜【Links】｜【002.tif】图像，最后将矩形对齐到图8-22所示的位置。

5　创建一个【宽度】为6毫米、【高度】为30毫米的矩形，在【控制】面板中设置填充色为【副色】，然后将其对齐到页面右侧的出血线上，如图8-23所示。

图8-22　　　　　　　　　　　　　　　　　　图8-23

6　切换到2-3跨页，分别在两个页面上创建满版的矩形。选中页面2上的矩形，确认【控制】面板中的参考点为左上角，修改【W】参数为70毫米，如图8-24所示。

图8-24

7　为两个矩形都置入附赠素材中的【综合案例】｜【宣传画册】｜【Links】｜【003.tif】图像，双击页面2上的矩形进入到图像编辑模式，将图像的右边缘与矩形的右边缘对齐。继续双击页面3上的矩形，将图像的左边缘与矩形的左边缘对齐，这样就得到了图像拼接的效果，结果如图8-25所示。

图8-25

8 切换到4-5跨页，捕捉出血线创建一个通栏满版的矩形，在【控制】面板中修改【H】为108毫米。按Ctrl＋D组合键置入附赠素材中的【综合案例】｜【画册】｜【Links】｜【004.tif】图像，如图8-26所示。

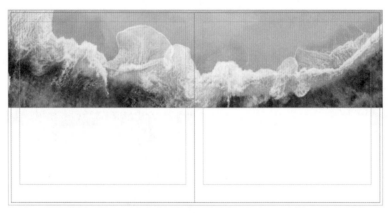

图8-26

9 继续创建一个【W】为380毫米，【H】为95毫米的矩形，将矩形与页面的下边距居中对齐，结果如图8-27所示。

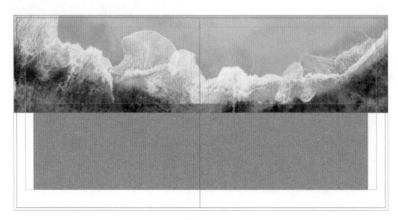

图8-27

10 切换到6-7跨页，执行【版面】|【边距和分栏】命令，设置【栏数】为2、【栏间距】为10毫米，单击【确定】按钮完成设置，如图8-28所示。

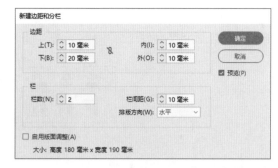

图8-28

11 创建一个【W】为300毫米，【H】为130毫米的矩形，置入附赠素材中的【综合案例】|【画册】|【Links】|【005.tif】图像，然后将矩形与左上角的页边距对齐。再次创建一个【W】为90毫米，【H】为53毫米的矩形，置入附赠素材中的【综合案例】|【画册】|【Links】|【007.tif】图像后将矩形与右下角的页边距对齐，如图8-29所示。

图8-29

12 按住Alt键沿着Y轴方向移动尺寸较小的矩形进行复制操作，选中复制的矩形，按Ctrl＋D组合键置入附赠素材中的【综合案例】|【画册】|【Links】|【006.tif】图像。在复制图像的上方创建一个【W】为25毫米，【H】为55毫米的矩形，在【控制】面板中将新建矩形的填色设置为【副色】，如图8-30所示。

图8-30

13 选中两个尺寸较小的图像和矩形形状，在【控制】面板中将对齐参照设置为【对齐边距】，然后单击 按钮均匀分布，如图8-31所示。

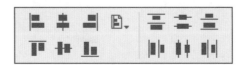

图8-31

14 再次创建一个【W】为45毫米、【H】为180毫米的矩形，将其对齐到如图8-32所示的位置。

图8-32

15 切换到8-9跨页，执行【版面】|【边距和分栏】命令，在打开的对话框中设置【栏数】为4，【栏间距】为10毫米。创建一个【W】为250毫米，【H】为140毫米的矩形，置入附赠素材中的【综合案例】|【画册】|【Links】|【008.tif】图像，如图8-33所示。

图8-33

16 捕捉左上角的页边距创建一个【W】为50毫米，【H】为115毫米的矩形。按住Alt键复制一个矩形，将其对齐到如图8-34所示的位置。

图8-34

17 捕捉右下角的页边距创建一个【W】为140毫米，【H】为115毫米的矩形，置入附赠素材中的【综合案例】|【画册】|【Links】|【009.tif】图像。捕捉右上角的页边距创建一个【W】为30毫米，【H】为55毫米的矩形，在【控制】面板中设置新建矩形的填色为【副色】，如图8-35所示。

图8-35

18 切换到10-11跨页，在页面11上捕捉出血线创建一个满版的矩形，然后置入附赠素材中的【综合案例】|【画册】|【Links】|【010.tif】图像。捕捉左上角的页边距创建一个【W】为160毫米，【H】为20毫米的矩形，继续捕捉左下角的页边距创建【W】为30毫米，【H】为35毫米的矩形，将填色设置为【副色】，如图8-36所示。

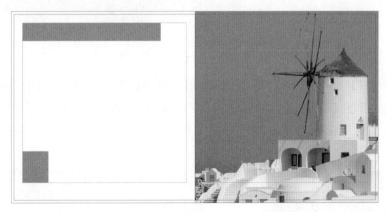

图8-36

19 捕捉左下角的矩形创建一个【W】为240毫米，【H】为35毫米的矩形，继续在页面10上创建【W】为170毫米，【H】为90毫米的矩形，将新建的矩形对齐到如图8-37所示的位置。

20 切换到12-13跨页，在页面13上捕捉边距创建一个与版心大小相同的矩形，置入附赠素材中的【综合案例】|【画册】|【Links】|【011.tif】图像。在页面12上捕捉左上角的页边距创建一个【W】为60毫米，【H】为95毫米的矩形，置入附赠素材中的【综合案例】|【画册】|【Links】|【012.tif】图像。按住Alt键沿X轴方向复制矩形，然后将图像修改为附赠素材中的【综合案例】|【画册】|【Links】|【013.tif】，如图8-38所示。

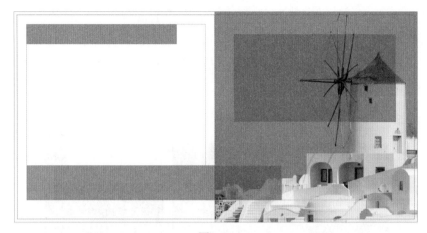

图8- 37

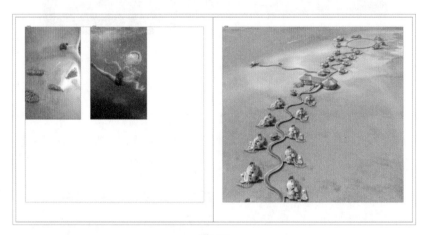

图8-38

21 创建一个【W】为140毫米，【H】为45毫米的矩形，在【控制】面板中将参考点设置为上方中央，然后设置【X】参数为130毫米，【Y】参数为75毫米。捕捉左下角的页边距创建一个【W】为40毫米，【H】为75毫米的矩形，设置填色为【副色】，如图8-39所示。

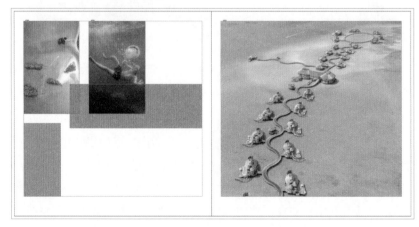

图8-39

22 切换到14-15跨页，捕捉出血线创建一个通栏满版的矩形，置入附赠素材中的【综合案例】|【画册】|【Links】|【014.tif】图像。按L键激活【椭圆工具】，按住Shift键创建一个正圆。在【控制】面板中设置描边颜色为【纸白】，【粗细】为5点，继续设置【W】和【H】均为30毫米。在【效果】面板中设置混合模式为【正常】，如图8-40所示。

图8-40

23 按Ctrl＋Alt＋U组合键打开【多重复制】对话框，勾选【创建为网格】复选框，设置【行】参数为2、【列】参数为4、【垂直】参数为50毫米、【水平】参数为40毫米，单击【确定】按钮完成复制，如图8-41所示。

图8-41

24 分别为圆形置入附赠素材中的【综合案例】|【画册】|【Links】|【015.tif】—【022.tif】图像，结果如图8-42所示。

图8-42

25 切换到最后一个页面，捕捉出血线创建一个满版的矩形。执行【对象】|【生成QR码】命令打开对话框，在【类型】下拉列表中选择【Web超链接】，输入地址后单击【确定】按钮。按住Shift键拖动鼠标生成二维码图像，最后将其对齐到如图8-43所示的位置。

图8-43

8.2.3 添加标题和文本

画册的框架搭建好了，接下来就编排文本。由于大部分的标题和正文使用的都是相同的样式，为了避免赘述，这里就以封面页、目录页和首个产品页为例。

1 切换到封面页，单击标题栏上的 按钮，在弹出的菜单中选择【基线网格】。按T键激活【文字工具】，捕捉基线创建文本框架后输入画册标题。选中所有文本，在【控制】面板中设置【字体样式】为60S，【字体大小】为30点、填色为【主色】，结果如图8-44所示。

2 在标题框架的下方创建【H】为10毫米的文本框架，输入副标题文本后在【控制】面板中设置【字体样式】为50S，【字体大小】为14点，填色为【主色】，继续单击**T**按钮添加下划线，如图8-45所示。

图8-44

图8-45

3 单击【控制】面板最右侧的≡按钮，在弹出的菜单中执行【下划线选项】。在打开的对话框中设置【粗细】为0.75点，【位移】为9点，如图8-46所示。

图8-46

4 再次在副标题的下方创建【H】为15毫米的文本框架，输入副标题的英文后设置【字体大小】为9点。单击【控制】面板最右侧的≡按钮，在弹出的菜单中选择【网格对齐方式】｜【全角字框，上】，结果如图8-47所示。

5 捕捉页边距的右上角创建一个文本框架，输入公司的中英文名。选中所有英文，设置【字体大小】为9点。选中所有中文，设置【字体样式】为60S，【字体大小】为12点，填色为【主色】。选择所有文本，单击≡按钮强制分散对齐。按Esc键激活【选择工具】，单击【控制】面板上的≡按钮垂直居中对齐，结果如图8-48所示。

图8-47　　　　　　　　　　　　　　　　图8-48

6 在公司名称前方创建【W】为18毫米，【H】为10毫米的矩形。按T键激活【文字工具】，在矩形上单击鼠标后输入"LOGO"。在【控制】面板中设置【字体样式】为60S，【字体大小】为12点，【字符间距】为100，填色为【纸白】。单击≡按钮后按Esc键激活【选择工具】，单击【控制】面板上的≡按钮垂直居中对齐，结果如图8-49所示。

7 切换到2-3跨页，捕捉上方的页边距创建一个【H】为25毫米的文本框架，然后输入"CONTENTS"。在【控制】面板中设置【字体样式】为80W，【字体大小】为64点，单击三按钮后为文字指定设置好的两个灰色色板，如图8-50所示。

图8-49 图8-50

8 按M键创建一个【W】为40毫米，【H】为10毫米的矩形，设置矩形的填色为【文字】。按T键激活【文字工具】，在矩形上单击鼠标后输入"目录"。在【控制】面板中设置【字体样式】为60S，【字体大小】为18点，填色为【纸白】。单击三按钮后按Esc键激活【选择工具】，单击【控制】面板上的═按钮垂直居中对齐，如图8-51所示。

9 再次按T键创建一个文本框架，然后输入目录文本。按Tab键在所有页码数字的前方和后方插入制表符。在【控制】面板中调整文字的大小和段落间距，结果如图8-52所示。

图8-51 图8-52

10 选中文本框架中的所有字符，按Ctrl＋Shift＋T组合键打开【制表符】对话框。在标尺上单击鼠标定位第一个制表符，单击对话框上的↓按钮右对齐，然后设置【X】参数为60毫米。再次在标尺上单击鼠标定位第二个制表符，单击对话框上的↓按钮左对齐，设置【X】参数为75毫米，如图8-53所示。

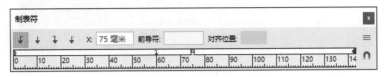

图8-53

11 按T键激活【文字工具】，在页面3上创建一个文本框架，输入英文宣传语后在【控制】面板中设置字体为"SegoePrint"，【字体大小】为16点，设置前两个单词的填色为【纸白】，后两个单词的填色为【主色】，结果如图8-54所示。

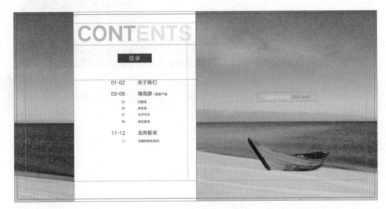

图8-54

12 切换到6-7跨页，捕捉基线网格创建一个文本框架后输入产品标题。在【控制】面板中设置标【字体样式】为60S，【字体大小】为24点，填色为【主色】。选中标题的英文部分，设置【字体大小】为12点，【基线偏移】为-5点。单击【控制】面板最右侧的☰按钮，在弹出的菜单中选择【网格对齐方式】|【全角字框，下】，结果如图8-55所示。

图8-55

13 在标题下方创建【H】为20毫米的文本框架，然后输入正文。单击【控制】面板最右侧的≡按钮，在弹出的菜单中选择【网格对齐方式】|【全角字框，上】，如图8-56所示。

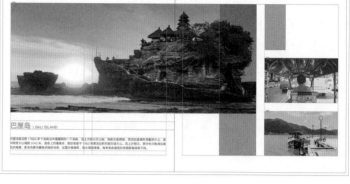

图8-56

14 捕捉右上角的边距创建一个文本框架，输入景点介绍文本后按Esc键激活【选择工具】，在【控制】面板上单击≡按钮垂直居中对齐，如图8-57所示。

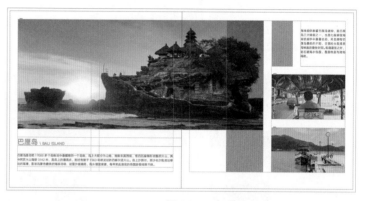

图8-57

15 在页面7的左下角创建一个文本框，输入景点名称后执行【文本】|【排版方向】|【垂直】命令。选中中文文本，设置【字体样式】为60S，【字体大小】为20点，【行距】为28点，【字符间距】为50，填色为【主色】。选中英文文本，设置【字体样式】为60S，【字体大小】为10点，【字符间距】为100，填色为【主色】，结果如图8-58所示。

图8-58

8.2.4 创建页码

1 展开【页面】面板，双击【A-主页】进入编辑模式。按M键在图8-59所示的位置创建一个【W】为20毫米，【H】为6毫米的矩形。按T键在矩形右侧创建【W】为8毫米，【H】为6毫米的文本框架，然后按Ctrl+Alt+Shift+N组合键插入当前页码，设置页码的【字体样式】为50S，【字体大小】为14点，填色为【主色】。复制一个矩形形状，修改【W】参数为2毫米后将其移动到文本框架的右侧。

图8-59

2 复制所有的形状和文本框架，然后粘贴到跨页的另一个页面上。调整文本框架和形状的位置，让两个页面的页脚完全镜像，如图8-60所示。

图8-60

3 在【页面】面板上双击页面1退出主页编辑模式，将【无】主页拖动到页面1、页面2、页面3和页面16上，不在这个几个页面上显示页码。在页面4上单击鼠标右键，在弹出的快捷菜单中取消【允许文档页面随机排布】和【允许选定的跨页随机排布】复选框的勾选，如图8-61所示。

4 执行【版面】|【页码和章节选项】命令，在打开的对话框中勾选【起始页码】单选按钮，设置数值为1，如图8-62所示。

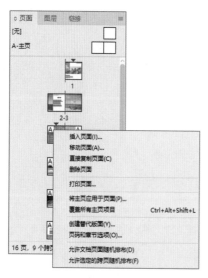

图8-61

图8-62

5 浏览一下所有页面，我们发现最后两个页面上没有显示出页码。在【页面】面板主页区的空白位置单击鼠标右键，在弹出的快捷菜单中执行【新建主页】命令，接着双击进入到【B-主页】的编辑模式，将页面上的形状全部删除，然后修改页码的填色为【纸白】，如图8-63所示。

图8-63

5 显示不出页码的原因是页码被图片遮挡住了，解决方法是展开【图层】面板，单击面板下方的 按钮新建一个图层，将【图层1】中的两个文本内框架拖动到【图层2】中，如图8-64所示。这样所有页面上的页码都可以正确显示了。

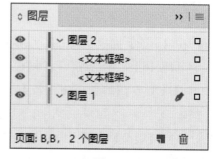

图8-64

8.2.5　打包保存

1　文档编排完成了，仔细浏览一遍所有页面，确认没有遗漏和错误后保存文档。如果我们要把编排好文档发送给别的部门或提交印刷，一定要使用打包功能把所有素材和字体一并发送。执行【文件】｜【Adobe PDF 预设】｜【定义】命令，在打开的对话框中选取【印刷质量】后单击【新建】按钮，如图8-65所示。

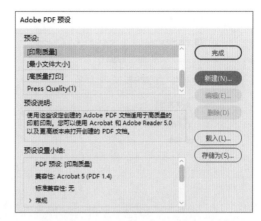

图8-65

2　在常规选项的【视图】下拉列表中选择【适合页面】，在【版面】下拉列表中选择【双联连续（封面）】，单击【确定】按钮完成设置，如图8-66所示。

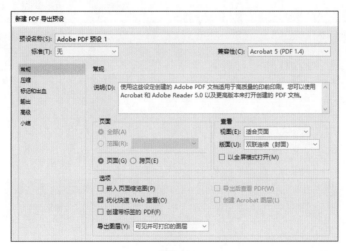

图8-66

3　执行【文件】｜【打包】命令，在弹出的对话框中单击【打包】按钮，如图8-67所示。在弹出的【打印说明】对话框中输入文档说明、打印说明等信息后单击【继续】按钮。

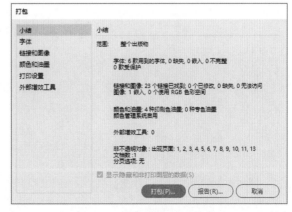

图8-67

4 接下来选择打包文件的保存路径，在【选择PDF预设】下拉列表中选择刚才配置的PDF预设名称，最后单击【打包】按钮，如图8-68所示。

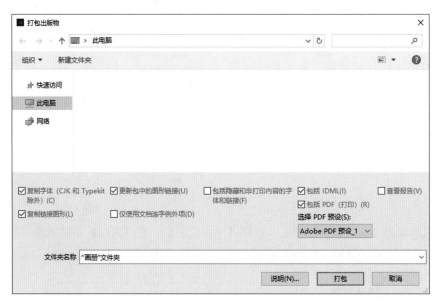

图8-68

InDesign CC
排版设计全攻略（视频教学版）

第 9 章
期刊杂志设计案例

本书最后一章设计编排的是期刊杂志，

杂志是大家都很熟悉的媒体，

这里就不过多赘述。

单从设计的角度讲，杂志的设计难度介于图书和画册之间。

图书的页数多，编排工作量大，

但绝大部分内容是正文和插图，

版式也比较程式化，有固定的规律和套路可循。

编排占的比重更大，设计的比重较少。

杂志也有一些比较固定的内容。比如说，每个刊物的栏目设置、封面的形式、目录和页码的样式都会长期保持一致的风格，编排时可以直接套用前一期杂志作为模板。杂志的设计难点正好与图书相反，画报、影视、摄影和时尚类杂志虽然不会轻易改变封面风格，但是总在追求内页的版式创新，在上述类型的杂志上很少能看到版式完全相同的页面。既要考虑整体风格的协调性，还要使内页的版式构图和标题样式富于变化，近百张页面设计编排下来，其难度和工作量可想而知。

画册和宣传单的设计难度在于，很多客户不会像出版社那样提出非常具体的设计要求，大多数情况下都是非常笼统且模糊的描述。有的时候，就连文案和图像素材都要设计者自己准备。设计案子的同时还要揣摩客户的需求和接受程度、目标受众的偏好等，编排的时间虽然短，但是要考虑很多细节。

9.1　案例概述

杂志的分类很多，文学和理论类期刊比较接近图书，主要讲求文字样式的编排。在新闻和娱乐类的期刊中，图片占据较大的比重，对版面构图和图文混编的要求自然也就水涨船高。在摄影和旅游类期刊中，图片占主导地位，设计形式更接近画册，注重照片、色彩及标题的视觉传达和视觉刺激。

本章就以摄影类杂志为例，让我们一起动手，为一份虚拟的野生动物摄影杂志设计编排创刊号。由于篇幅有限，案例只制作包括封面和封底在内的部分页面，效果如图9-1所示。制作完本例后，你不妨把这份文档保存起来，闲暇之时便将其打开，慢慢扩充完整并且进不断完善。坚持一段时间后，通过同一案例的对比就能非常直观地看到自己编排能力的进步和创作水平的提高。

图9-1

9.1.1　页面名称与开本

杂志第一张纸的外面叫作封一，也就是杂志的封面，第一张纸的内面叫作封二。杂志最后一张纸的内面叫作封三，最后一张纸的外面叫作封四或封底。一般来说，杂志的封二、封三和封四都用来印刷广告。

翻开杂志的封面后，左边的页面是封二，右面的页面就是扉页。扉页一般印刷版权或目录，杂志的页码编号也是从扉页开始，即把扉页编为第一页。

杂志的开本有大度16开（210×285mm）和正度16开（185×260mm）两种，出血仍旧是3mm，页边距不能少于5mm。为了便于阅读，杂志至少要分两栏，也可以分三栏。与画册一样，胶装杂志的页数必须是2的倍数，骑马钉的杂志页数必须是4的倍数。

9.1.2　封面设计形式

因为杂志封面的构成元素比较固定，设计起来有一定的规律，所以相对于图书封面来说要简单一些。不管什么类型的杂志，杂志LOGO、背景和标题都是不可或缺的封面元素。为了保持风格的一致性，除非有重大改版，否则除了颜色以外，杂志LOGO自从创刊号之后就不会有大的变动，如图9-2所示。

图9-2

杂志封面的背景大多数是照片，除了基本的修饰之外并没有太多的设计元素。为了避免千篇一律感，有些杂志封面采用了具有立体感的设计形式，也就是通过抠图的手段，用图像遮盖部分LOGO和标题，如图9-3所示。

一些计算机和艺术类期刊会使用文字组合或者是绘图型的封面背景，以此来彰显艺术感和个性化，让杂志看起来与众不同。不过这种封面设计起来难度较高，需要一定的想象力和艺术功底才能把握，如图9-4所示。

图9-3

图9-4

封面标题传达的利益是读者购买杂志的理由，因此封面标题是比封面背景更重要的元素，也是封面设计最主要的元素。封面标题的设计形式比较多样，最常用的手法是通过颜色和字号的对比进行突出，描边、投影和形状等修饰也是突出重点标题的常用手段，如图9-5所示。

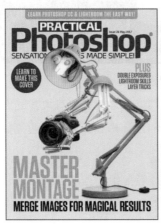

图9-5

9.1.3　内页设计形式

杂志内页的版式没有固定的套路可言，不必过于迷信三分法、黄金分割等构图法则，也不能一味追求版面效果和图片的视觉冲击力，使图片和文字内容割裂开来。内页版式的基本要求是根据内容合理安排图文，避免填充过满和过于混乱，尤其不要追求花哨的视觉效果。比如说在艳丽的底色上填充大量反白文字，光线略暗就难以阅读，就算在正常光线下也会让人觉得眼花缭乱，失去阅读兴趣。

你可能觉得上面的说法太过笼统，为了便于实际应用，这里就简单概括一下杂志内页的基本格式，这样设计时就有了可供参考的模板，如图9-6所示。

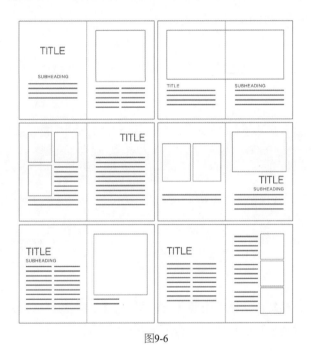

图9-6

9.2　案例制作

掌握软件易，学习创作难。本书几百页的内容不敢奢望让读者既能学会InDesign，又能设计出优秀的版式，所以选择的都是看起来比较普通、日常工作中最为常见的案例。如果你能完成这些案例，应该可以进行一些较为简单的设计工作，不求有功，但求无过。

要想进一步提高设计水平，唯有多看、多想、多练。多看各种风格的优秀作品，多看版式设计和美术摄影方面的图书，从中汲取灵感并夯实理论基础。看的过程不能走马观花，试着分析别人用什么样的手法表现创意，各种设计元素的运用和组合好在哪里，哪些东西值得自己借鉴。最后就是多练，从模仿开始勤加练习，慢慢形成自己的风格特点，做得越多提高越快，没有捷径可走。

9.2.1 编排封面

让我们开始案例的制作，第一步仍旧是创建文档。前面提到过，杂志的开本有大度16开和正度16开两种。文学和理论类的杂志以文字为主，通常选择正度16开；摄影杂志因为要承载大量照片，因此偏向尺寸相对较大的大度16开。因为杂志的内容多且形式多样，所以不能像画册那样一开始就规划好所有色板和文字样式，只能根据每个页面所处的栏目和图片的特点随机应变。

1 运行InDesign，单击开始工作区中的【新建】按钮打开【新建文档】对话框。在预设详情信息窗口中设置【宽度】为210毫米，【高度】为285毫米，【页面】数量为12，然后单击【边距和分栏】按钮，如图9-7所示。

图9-7

2 在【新建边距和分栏】对话框中设置【上】和【下】边距为18毫米，设置【内】和【外】边距为12毫米，单击【确定】按钮生成文档，如图9-8所示。

3 按Ctrl＋F7组合键打开【对象样式】面板，选中【基本图形框架】后单击 按钮创建一个新样式，如图9-9所示。双击新建的样式打开选项对话框，在【填色】选项组中选择【纸白】，在【描边】选项组中选择【无】。

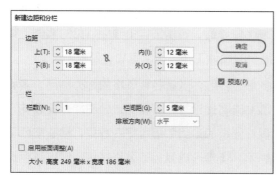

图9-8

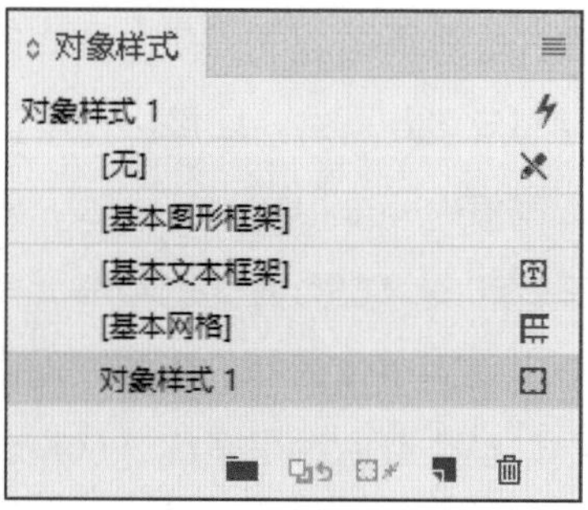

图9-9

4 按Shift＋F11组合键展开【字符样式】面板，单击按钮新建一个样式。双击样式名称打开对话框，单击【基本字符格式】选项，在【字体系列】下拉列表中选择"汉仪旗黑"，在【字体样式】下拉列表中选择40S，继续设置【大小】为10点，【行距】为14点，如图9-10所示。

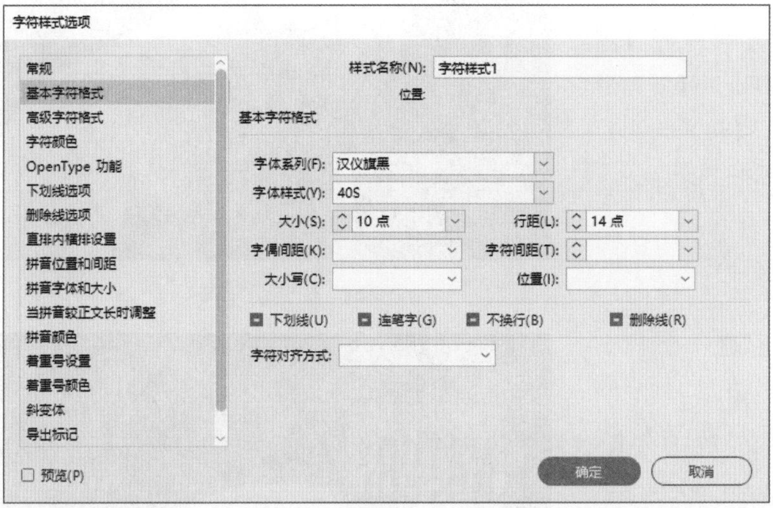

图9-10

5 按F键激活【矩形框架工具】，在首页捕捉出血线创建满版的矩形框架。先勾选【控制】面板上的【自动调整】复选框，然后按Ctrl＋D组合键置入附赠素材中的【综合案例】｜【期刊杂志】｜【Links】｜【001.tif】图像，如图9-11所示。

6 从水平标尺向下拖动鼠标创建三条参考线，在【控制】面板中设置第一条水平参考线的【Y】参数为60毫米，设置第二条水平参考线的【Y】参数为188毫米，设置第三条水平参考线的【Y】参数为250毫米，如图9-12所示。

图9-11

图9-12

7 接下来创建杂志的LOGO。按M键激活【矩形工具】，捕捉左上角的页边距创建一个【W】为45毫米，【H】为38毫米的矩形。在【控制】面板中设置【不透明度】为50%，【转角形状】为圆角，【转角大小】为2毫米，如图9-13所示。

图9-13

8 按T键创建一个与圆角矩形位置和尺寸相同的文本框架，然后输入"NATURE"。设置【字体】为"Tandelle"，【字体大小】为74点，单击≡按钮后按Esc键激活【选择工具】，继续单击【控制】面板上的≡按钮垂直居中对齐，结果如图9-14所示。

图9-14

9 按Ctrl＋Shift＋O组合键将文字转曲，然后按住Shift键选择圆角矩形。展开【路径查找器】面板，单击□按钮进行差集运算，这样就得到杂志LOGO的镂空部分，如图9-15所示。

图9-15

10 按Ctrl＋D组合键，在打开的【置入】对话框中勾选【显示导入选项】复选框，然后选择附赠素材中的【综合案例】|【期刊杂志】|【Links】|【001.tif】图像。在【图像导入选项】对话框的【Alpha通道】下拉列表中选择【Alpha1】，如图9-16所示。

图9-16

11 单击【确定】按钮后捕捉出血线创建满版的图像，这样封面照片上的不透明区域就把镂空LOGO的一角遮挡住了，如图9-17所示。

图9-17

12 按T键激活【文字工具】，捕捉页边距和参考线创建一个【H】为42毫米的文本框架后输入杂志名称。设置【字体】为"庞门正道标题体"，【字体大小】为93点，单击 按钮右对齐。为文本指定一个预设色板，修改色板的颜色值为CMYK＝35、5、60、0，如图9-18所示。

图9-18

13 按Esc键退出文本编辑模式，单击【控制】面板中的 ══ 按钮下对齐。执行【文字】|【文章】命令，在打开的对话框中勾选【视觉边距对齐方式】复选框，设置【按大小对齐】参数为93点，如图9-19所示。

图9-19

14 按T键在杂志名称的上方创建一个【W】为62毫米，【H】为11毫米的文本框架，然后输入"PHOTOGRAPHY"。在【控制】面板中设置【填色】为红色，【字体】为"Tandelle"，【字体大小】为26点，单击 ══ 按钮强制双齐，结果如图9-20所示。

图9-20

15 在杂志名称下方创建一个文本框架并输入杂志的期号，设置【字体样式】为70S，【字体大小】为12，填色为【纸白】，对齐方式为右对齐，如图9-21所示。

图9-21

16 接下来添加封面上的条码。期刊杂志使用的是ISSN条码，ISSN条码的制作工具很多，这里就以Illustrator的Barcode Toolbox插件为例。在Illustrator中单击【工具】面板上的 按钮打开【Barcode】面板，在【Type】下拉列表中选择【ISSN】，如图9-22所示。

17 在【Code】文本框中输入条码号，条码号的格式是XXXX–XXXX（Q1Q2）–S1S2。其中XXXX–XXXX为ISSN号，Q1Q2为期刊年份码，S1S2为附加码。假设这本杂志是ISSN号为1655–2350的2019年第1期，那么就在文本框中输入"1655–2350（19）–01"，如图9–23所示。请注意，输入条码号时要切换到英文输入法。

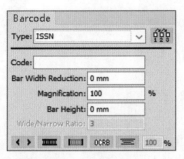

图9-22

图9-23

18 单击面板下方的 ▶ 按钮，在条码数字后方添加指示符，最后在画布上单击鼠标生成条形码，如图9–24所示。执行【文件】|【存储为】命令，将文档保存为EPS格式。

图9-24

19 返回到InDesign，按Ctrl＋D组合键置入EPS文件，在封面拖动鼠标生成图像后调整条码的尺寸和位置，如图9–25所示。

图9-25

20 杂志LOGO、期号、刊号、条形码这些必备元素创建完成后，接下来就要创建标题了，本例采用的是最常见的标题形式。在杂志期号下方创建一个文本框架，输入标题内容。先设置所有文字的【填色】为纸白，文本对齐方式为右对齐，文本框架的对齐方式为下对齐。执行【文字】|【文章】命令，在打开的对话框中勾选【视觉边距对齐方式】复选框，如图9-26所示。

图9-26

21 剩下的就是字号大小和段落间距的调整，这里就不再一一赘述，最终的效果如图9-27所示。需要注意的是，设计封面标题时要考虑杂志的定位和受众的层次，不能一味追求形式。比如说文学、政治和技术类的杂志一般不会采取倾斜、色板等花哨的标题样式，越是高端的杂志，封面标题看起来越简洁保守。

图9-27

9.2.2　编排封二与扉页

1　绝大多数杂志的封二都是广告，这里我们也为封二设计一个制作起来很简单，效果却很出彩的摄影赛事广告。按M键在封二捕捉出血线创建满版的矩形形状，在【控制】面板中设置【填色】为黑色。按F键创建【W】和【H】均为110毫米的矩形框架，继续按Ctrl+D组合键置入附赠素材中的【综合案例】│【期刊杂志】│【Links】│【002.psd】图像，如图9-28所示。

2　在标尺上拖动鼠标创建两条水平参考线和两条垂直参考线，设置垂直参考线的【X】值为52毫米和158毫米，设置水平参考线的【Y】值为83毫米和167毫米，如图9-29所示。

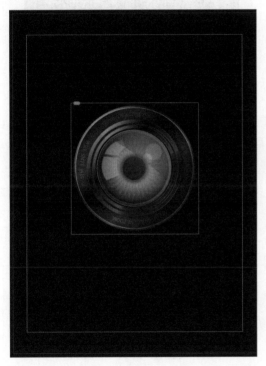 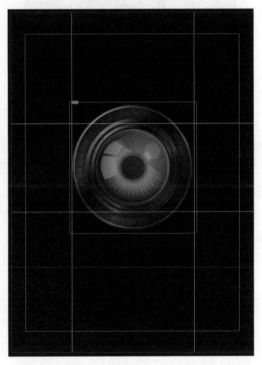

图9-28　　　　　　　　　　　　　　　　　　　图9-29

3　按T键创建【W】和【H】均为50毫米的文本框架，输入"创"字后设置【字体】为"造字工房方黑"，【字体大小】为120点，【填色】为黄色。将文字与文本框架居中对齐，然后与参考线对齐，如图9-30所示。

4　按住Alt键复制三个文本框架，修改文本框架中的文字后在镜头图像周围均匀放置，结果如图9-31所示。

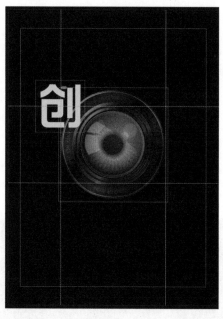

图9-30

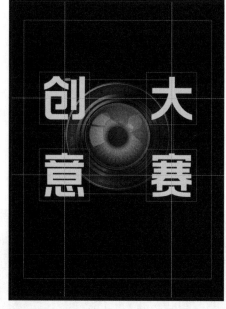

图9-31

5 展开【图层】面板，将【大】和【意】图层拖动到【002.psd】图层的下方，如图9-32所示。

6 选中包含"创"字的文本框架，展开【效果】面板，单击 *fx* 按钮后在弹出的菜单中选择【投影】。在打开的对话框中设置【距离】参数为6毫米，【大小】参数为2毫米，如图9-33所示。

图9-32

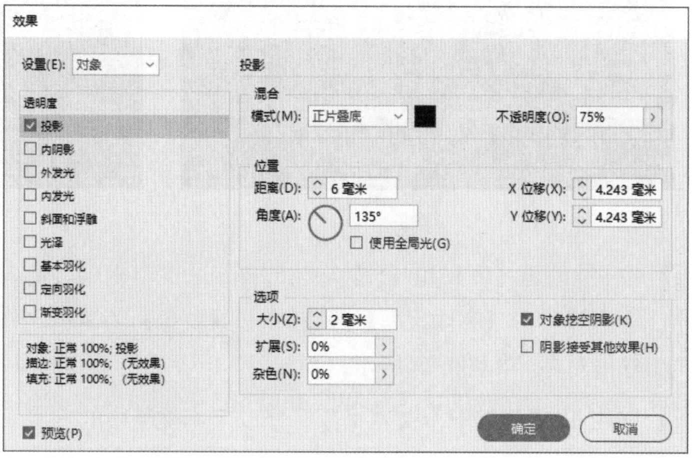

图9-33

7 广告的主体已经完成，剩下的标题和文案按照常规套路设置即可，结果如图9-34所示。

8 在页面3，也就是扉页上创建两条垂直参考线，在【控制】面板中设置参考线的【X】参数为290毫米和310毫米，如图9-35所示。

图9-34

图9-35

9　杂志的扉页既可以是广告页，也可以是版权页或目录页，也有很多杂志和本例一样，把版权信息和目录合并到扉页上。按T键激活【文字工具】，在扉页捕捉页边距和分栏线创建一个【H】为35毫米的文本框架，然后输入杂志名称、日期和期号。杂志名称的样式按照封面设置，如图9-36所示。

10　在杂志名称的下方创建一个文本框架，输入版权信息和联系信息，这些文字使用【正文】字符样式即可。为了便于阅读，需要使用行距和下划线分段。如果版面有空余，可以见缝插针的在下方添加客户端和公众号等二维码，如图9-37所示。

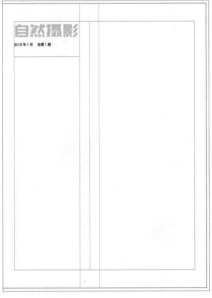

图9-36

图9-37

11 捕捉右边距的和参考线创建一个【H】为 30毫米的文本框架，输入"CONTENTS"。在【控制】面板中设置【字体样式】为80W，【字体大小】为30点，填色为红色。按M键创建一个【W】为32毫米，【H】为9毫米的矩形，将【填色】设置为白色后输入"目录"，设置【字体样式】为70S，【字体大小】为18点，填色为黑色，如图9-38所示。

图9-38

12 在目录标题下方创建一个文本框架并输入目录内容。为了平衡总页数，很多摄影杂志的目录会占用多个页面，要想使目录页看起来更加充实，可以用文本绕排的手段在文章标题的下方添加插图或者是在标题的下方添加文章内容简介，如图9-39所示。

图9-39

9.2.3　编排专题和赏析页

1　摄影杂志的专题首页多采用跨页大图。切换到跨页4—5，在页面5上创建两条垂直参考线，在【控制】面板中设置参考线的【X】参数为310毫米和320毫米。按M键捕捉页边距和参考线创建一个【H】为225毫米的矩形，将矩形与页面垂直居中对齐，然后按Ctrl＋D组合键置入附赠素材中的【综合案例】｜【期刊杂志】｜【Links】｜【005.tif】图像，如图9-40所示。

图9-40

2　按T键捕捉参考线和页边距创建【H】为225毫米的文本框架，然后输入专题的标题和正文。选中英文标题，设置【字体】为"Tandelle"，【字体大小】为60点，设置标题第一个段落的填色为红色，如图9-41所示。

图9-41

3 选取中文标题，设置【字体】为"方正清刻本悦宋简体"，【字体大小】为36点，如图9-42所示。

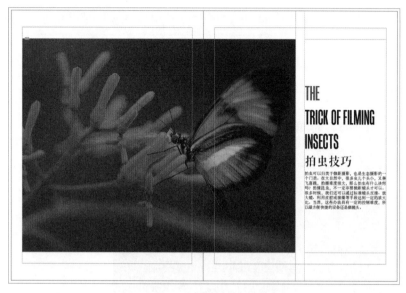

图9-42

4 按Ctrl＋Alt＋T组合键展开【段落】面板，在【标点挤压设置】下拉列表中选择【基本】，在弹出的对话框中单击【新建】按钮，设置新标点挤压集的名称为【首行缩进】。单击【段落首行缩进】右侧的无，在弹出的列表中选择【2个字符】，如图9-43所示。

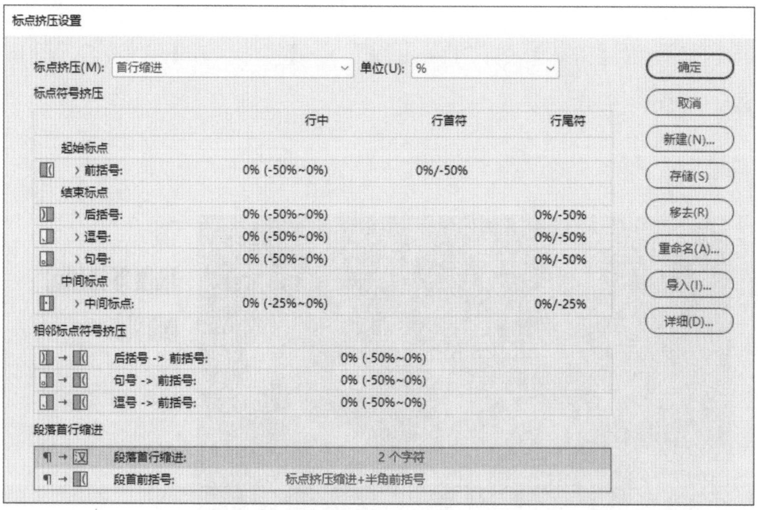

图9-43

5 选取正文后按F11键展开【段落样式】面板，单击🗗按钮以选中的正文格式为基础创建段落样式。双击新建的段落样式打开设置对话框，选择【日文排版样式】选项，在【标点挤压】下拉列表中选择【首行缩进】，如图9-44所示。正文的段落样式设置完成了，这本杂志所有的正文都应该套用这个样式。

段落样式选项

字距调整
跨栏
首字下沉和嵌套样式
GREP 样式
项目符号和编号
字符颜色
OpenType 功能
下划线选项
删除线选项
自动直排内横排设置
直排内横排设置
拼音位置和间距
拼音字体和大小
当拼音较正文长时调整
拼音颜色
着重号设置
着重号颜色
斜变体
日文排版设置
网格设置
导出标记
分行缩排设置

样式名称(N): 正文
位置:

日文排版设置

避头尾设置(K): 简体中文避头尾
避头尾类型(S): 先推入
避头尾悬挂类型(B): 无
☑ 禁止断字(N)
标点挤压(X): 首行缩进
行距模式(G): 全角字框，上/右
☑ 连数字(C)
☐ 在直排文本中旋转罗马字(R)
☑ 吸收行尾的表意字空格(A)
☐ 罗马字不换行(W)

☑ 预览(P)　　　　　　　　　　　　　　　　　确定　　取消

图9-44

6 切换到跨页6-7，参照图9-45所示创建矩形框架，然后置入附赠素材中的【综合案例】 ｜【期刊杂志】｜【Links】｜【006.tif】-【010.tif】图像。

图9-45

7 按T键捕捉页面5的页边距创建【H】为69毫米的文本框架。选中文本框架，在【控制】面板中设置【栏数】为3，然后输入正文。单击文本框架右下角的溢流文本图标，在页面6上拖动鼠标创建串接文本框架，最后设置小标题的字号和色板，如图9-46所示。

8 切换到跨页8-9，创建跨页满版的文本框架后置入附赠素材中的【综合案例】｜【期刊杂志】｜【Links】｜【006.tif】-【011.tif】图像。按T键捕捉页面9的页边距创建文本框架，输入标题和正文，结果如图9-47所示。

图9-46

图9-47

9 切换到跨页10-11，参照图9-48所示创建矩形框架，置入附赠素材中的【综合案例】|【期刊杂志】|【Links】|【012.tif】-【013.tif】图像。最后输入照片介绍和正文。

图9-48

9.2.4　创建页眉和页码

　　杂志的页脚页眉比较复杂，大多数杂志的页眉是栏目名称或者是栏目名称＋文章名称，有的杂志还会区分奇偶页。页脚除了页码以外，还可以包括杂志名称和期号，很多文学杂志还将页脚作为交流区。

1　展开【页面】面板，双击【A–主页】进入编辑模式。在页眉的位置创建一个文本框架，输入栏目名称。在页脚的位置创建一个文本框架，先按Ctrl＋Alt＋Shift＋N组合键插入当前页码，然后输入杂志名称和出版日期，如图9-49所示。

图9-49

2　复制页脚和页眉的文本框架，然后粘贴到跨页的另一个页面上。调整文本框架的位置、文字的顺序和对齐方向，让两个页面的页脚和页眉完全镜像，如图9-50所示。

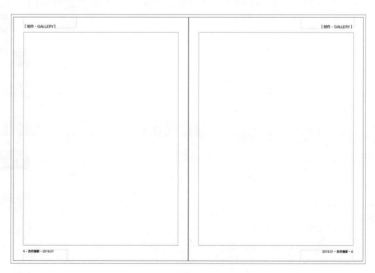

图9-50

3 复制跨页上的四个文本框架，在【页面】面板主页区的空白位置单击鼠标右键，在弹出的快捷菜单中执行【新建主页】命令，接着双击进入到【B-主页】的编辑模式，如图9-51所示。

4 展开【图层】面板，单击面板下方的🗔按钮新建一个图层。在页面的空白位置单击鼠标右键，在弹出的快捷菜单中执行【原位粘贴】命令，最后将所有文字的【填色】设置为纸白，如图9-52所示。这里我们只创建了一个栏目的主页，杂志有多少个栏目就要创建多少个主页。

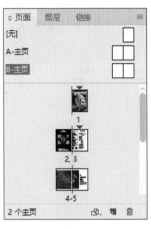

图9-51

图9-52

5 在【页面】面板上双击切换到扉页，然后在扉页缩略图上单击鼠标右键，取消【允许文档页面随机排布】和【允许选定的跨页随机排布】复选框的勾选。执行【版面】｜【页码和章节选项】命令，勾选【起始页码】单选按钮后设置扉页的起始页码为1，在【样式】下拉列表中选择01，02，03…，如图9-53所示。

6 在【页面】面板中将空白主页拖动到封一和封二缩略图上，将【B-主页】拖动到跨页06-07上完成实例的制作，如图9-54所示。

图9-53

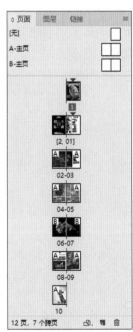

图9-54